L'ANATOMIE UNIVERSELLE
DE TOUTES LES PARTIES
DU CORPS HUMAIN,

Représentée en Figures, & exactement expliquée,

Par le Celebre ANDRE' DU LAURENT.

Revuë par M. H****, Chirurgien Juré de S. Cosme.

Ouvrage instructif, & utile aux Etudians en Medecine, Chirurgie, Sages-Femmes, & aux Peintres & Sculpteurs.

A PARIS,
Chez ANTOINE HUMBLOT, ruë Saint Jacques, à l'Enfant Jesus, Près l'Hôtel de Saumur.

Avec Approbation & Privilege du Roy.

M. D. C C. X L I.

TOVTES LES PARTIES EXTERNES.
du corps humain.

AA. *La circonference de toute la teste depuis le menton jusques au Sommet.*
B. *Le front indice de la honte.*
C *Les temples, qui lors qu'elles sont chenuës decelent les ans.*
D *Le petit angle ou coing de lœil ou le canthus externe.*
E *Le grand angle ou canthus interne.*
F *La joue ou pommelle.*
G *La bouffe.*
H *Le nez externe.*
I *Les oreilles externes ou oreillettes*
K *La bouche.*
L *Le menton.*
M *Le col.*
N *Les clavicules.*
O *Les mammelles.*
P *Le sternon ou brechet.*
Q *L'épigastre.*
R *Les hypochondres.*
S *Le nombril.*
T *La region lombaire, les lombes*
V *L'hypogastre.*
X *Les iles ou flancs.*
Y *Le penil ou motte.*
Z *Les aines.*
a *La vergé, le membre viril.*
b *Le bras.*
c *Le coude.*
d *Le carpe ou poignet.*
e *Le metacarpe.*
f *La cuisse.*
g *Le genoüil.*

SUITTE DE LA FIGVRE I.
des parties anterieures

h *La greve.*
i *Le tarse.*
k *Le metatarse.*
l *Les chevilles*

LA FIGVRE II REPRESENTE les parties posterieures

A *Le couppeau ou somet de la teste*
B *L occiput ou derriere de teste.*
C *Le muscle deltoide*
D *Les omoplates, espaules ou paslerons.*
E *La region des reins.*
F *La situation de l'os sacrum*
G *Le coccyx ou croupion*
H *Les fesses*
I *Le gras ou parties charnuës des cuisses.*
K *Le iarret.*
L *Le molet ou le gras de la jambe.*
M *Le talon*

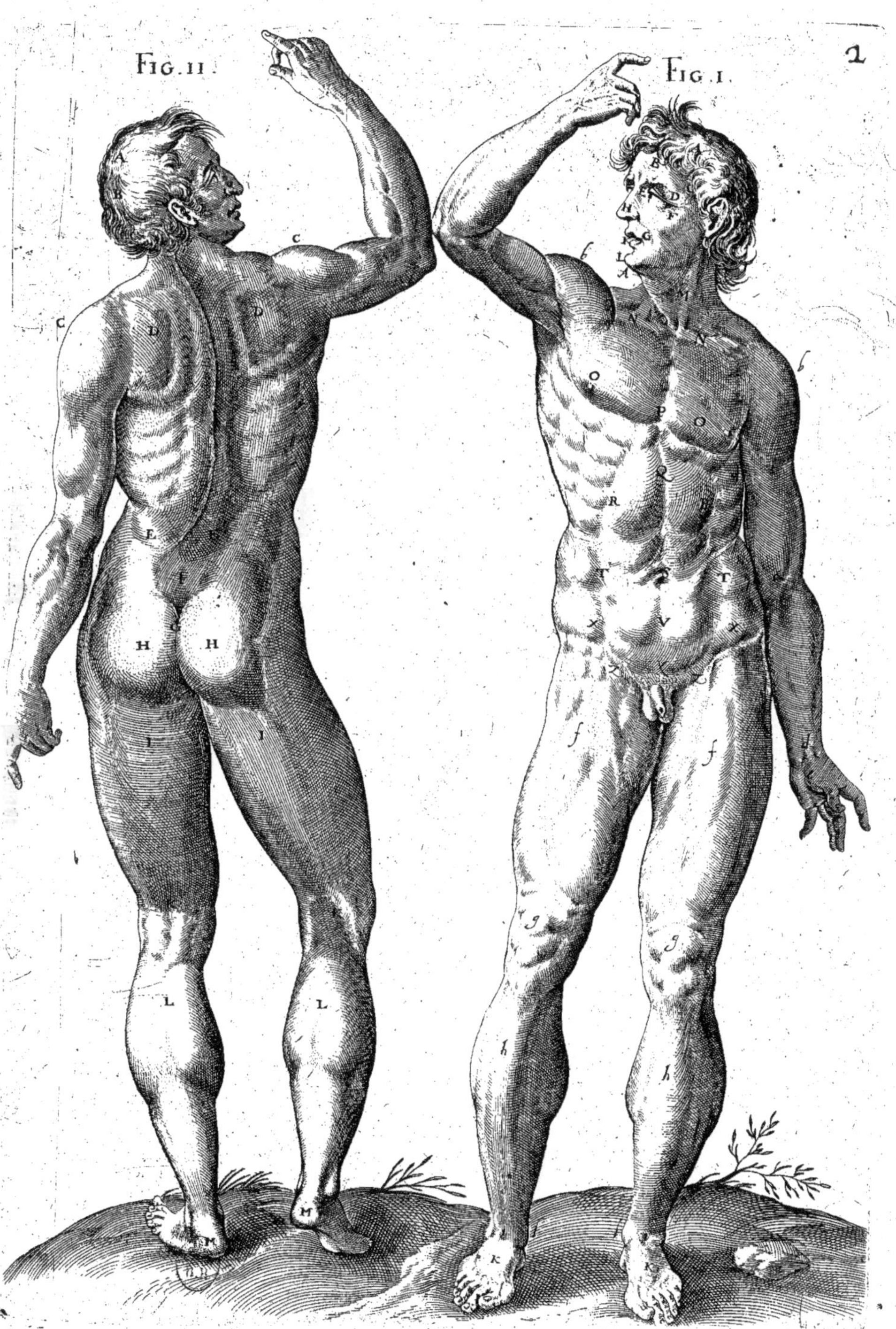
FIG. II
FIG. I

DEMONSTRATION DES OS ANTERIEURS du squelete.

A *L'os coronal, l'os du front.*

B *La suture qui separe les os de la teste des os de la maschoire superieure.*

C *L'os jougal dit zygoma.*

D *L'os de la maschoire superieure contenant toutes les dents superieures et les incisoires.*

E *L'apophyse mastoïde qui est dans la partie pierreuse de l'os des tempes.*

F *La maschoire inferieure.*

GHIK. *Ces quatre lettres montrent toute l'espine du dos qui est faite de plusieurs vertebres.*

L *L'os de la poitrine nommé sternon.*

* *Le cartilage en siforme ou xyphoïde.*

MM *Les clavicules.*

N *L'apophyse de l'espaule nommée Acromion.*

O *L'apophyse coracoide.*

P *L'espaule ou omoplate.*

Q *La teste du bras qui s'insere dans la cavité de l'omoplate.*

R *L'os du bras appellé humerus.*

SS *L'articulation du coulde.*

T *Le rayon.*

V *L'os du coulde appellé cubitus.*

XX *L'articulation du coulde avec le poignet.*

Y *Les cinq doigts.*

ZZ *Les quatre os du metacarpe.*

1.2.3.4.5.6.7.8.9.10.11.12. *Ces douze chiffres monstrent le nombre des costes desquelles, les sept superieures sont vrayes et les 5 inferieures fausses et bastardes.*

aa *Les os des isles ou hanches.*

b *L'os ischion.*

c *Les os du penil ou pubis.*

d *La symphyse ou union des os du penil qui se fait par un cartilage.*

e *Le trou de l'os ischion qui n'a point de nom, fait pour rendre l'os plus leger.*

f *La teste ronde et grosse de la cuisse qui entre dans la cavité de l'ischion.*

g *Le col de la cuisse.*

h *Le grand trochanter ou rotateur*

i *Le petit trochanter.*

k *L'os de la cuisse appellé femur*

l *La rotule du genouil.*

mm *Les deux condyles inferieurs de l'os de la cuisse.*

n *Le genouil.*

o *L'articulation de l'os de la cuisse avec celuy de la jambe.*

p *L'os de la jambe appellé tibia*

r *L'os de l'esperon ou l'eperoné*

q *La malleole ou cheville interne du pied.*

s *La malleole externe.*

t *Les os du tarse.*

uu *Les os du metatarse.*

yy *Les doits des pieds ou orteils*

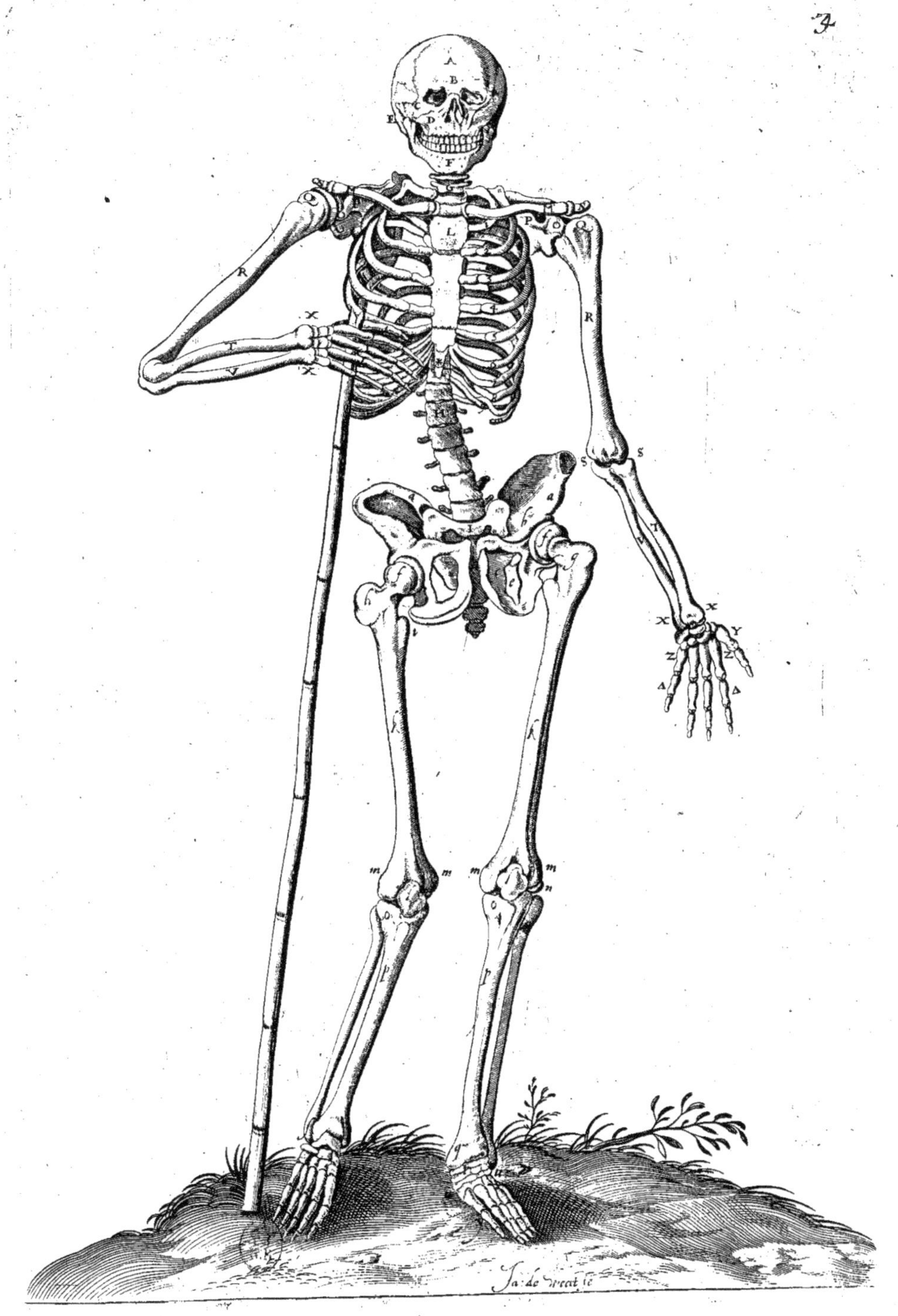

5

TABLE DES OS POSTERIEVX et lateraux

A Les os nommez Parietaux.
B La Suture Coronale.
C L'os du front.
D Les os des temples.
E Les productions de l'os Sphenoïde.
F L'osiugal ou zygoma.
G La maschoire inferieure.
H La place de la Suture lambdoïde.
II Les deux apophyses de la maschoire inferieure l'une pointuë on la nomme Coronoïde, et lautre est Cordiloïde, par la quelle se fait son articulation avec les os des temples.
KK. Le metacarpe.
L. Le Carpe fait de huit os.
MM. L'os du coulde.
N L'apophyse inferieure du Coulde.
T Comme s'assemblent les os du coulde.
V La premiere vertebre du dos.
X L'omoplate ou pasleron
Y Le sternon ou l'os de la poictrine
Z Les clefs ou clavicules
1 2 3 4 5 6 7 8 9 10 11 12 Les douze costes
a La teste de l'humerus
b Le mitan du bras
C La partie inferieure du bras qui se termine en deux apophyses
d L'olecrane
eee Le rayon
f Les doigts de la main
g La premiere Vertebre des lombes
iii Le circuit de l'os innominé
kk Les os ilion ou des hanches
l Le coccendix
m-n La Symphise ou connexion des os du penil qui se fait par Synchondrose
o Le Coccyx ou croupion
p Le grand trochanter
q Le col de l'os de la cuisse
r La teste de l'os de la cuisse
s Le sinus ou trou de l'os innominé
tt Les os de la cuisse
uu La rotule ou palette du genoüil
XX Le peroné l'os de l'esperon
y Le iaret
zz L'os de la iambe appellé tibin
II Les deux chevilles ou malleoles
2 La plante du pied
3 L'os du talon ou calcaneum
4 L'astragale
5 L'os nauiculaire
66 Les trois derniers os du tarse ou innominés
77 Le metatarse
88 Les os des doigts diposez en trois rangées

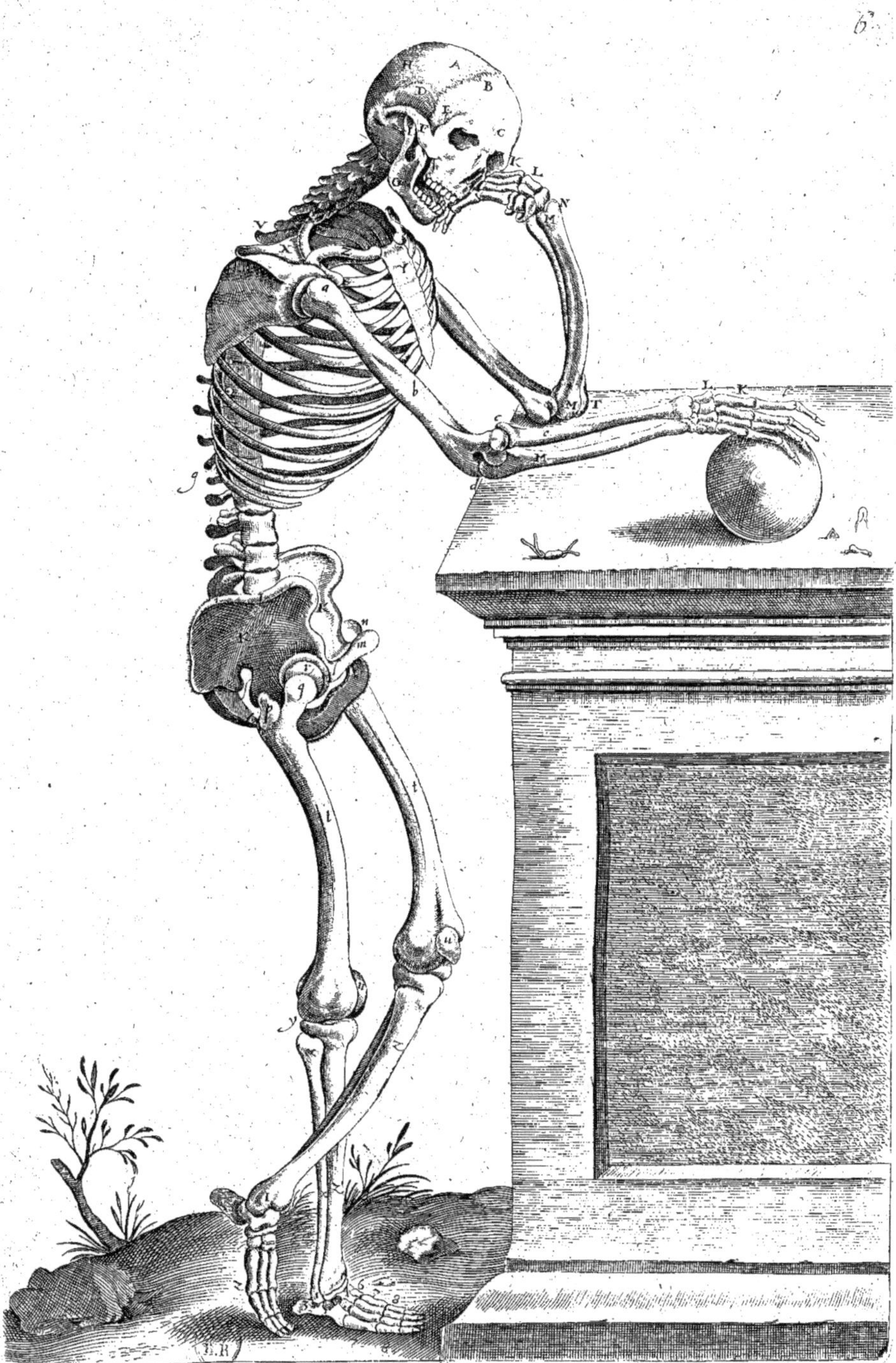

TABLE DE PLUSIEURS FIGURES QUI REPRESENTE toute l'espine, les omoplates, les clavicules, tous les os du bras des mains, de la cuisse, de la iambe, & du pied

FIGURE I.

Represente toute lespine en entiere
AB. Les sept Vertebres du col sont monstrez par ces chiffres 1.2.3.4.5.6.7.
CD. Le dos ou metaphrene composé de douze vertebres.
EF. Les cinq Vertebres des lombes.
GH L'os sacrum fait de cinq os.
IK Le coccyx fait de trois os.
LLLL. Les apophyses pointuës des Vertebres nommées proprement espine
MMMM Les apophyses transverses des Vertebres.
NNNN Les apophyses obliques superieures.
OO Les apophyses obliques inferieures
PP Les trous des Vertebres par lesquels sortent les nerfs.

LES DEUX FIGURES II & III.

monstrent l'os sacrum et son extremité
Abcdef. Les 5 Vertebres de l'os sacrum.
GHIk. Les 3 Os du coccyx
A L'apophyse superieure de la 1.re Vertebre
B La sinuosité entaillée en la dite vertebre
CCCC La cauité po.r contenir la medule spinale.
DD La cauité dans la quelle s'insere l'os ilion
EE La partie exterieure de la dite cauité.
FF Les apophyses superieures de l'os sacrum
G nommez espines.
G Le cartilage pendant au bout du coccyx
LLLR Les apophyses transuerses
M L'apophyse superieure de la prem.e Vertebre
HIK tout l'os du coccyx despeint en la figure III.

LES 3 FIGURES IIII. REPRESENTE

L'omoplate et ces parties quil faut remarqué
AA La cauité superficielle dans laquelle s'insere la teste du bras qui fait l'articulation arthrodiale BB le col de l'omoplate.
CD L'apophyse coracoïde ou anchyroïde.
EF. 2.e apophyse de l'omoplate ou s'insere la clavicule nommée Acromion
G La cavité qui est en la partie externe de l'omoplate II L'espine de l'omoplate.
HH L'angle superieur de l'omoplate.
kk La cavité qui est ioignant l'espine.
LL Le bout de la base de l'omoplate.
MM La partie caue N. le bout de langle inferieur

LA FIGURE V. REPRESENTE

les Clavicules
AAA La teste de la clavicule qui est articulée avec le sternum.
BB La partie qui est articulée avec l'omoplate
CCC Lignes entaillées aux clavicules

LA FIGURE VI. REPRESENTE

les os du bras
AA La teste du bras qui s'insere dans la cavité glenoïde de l'omoplate
BC Le col du bras.
D La sinuosité, ou pour mieux dire la scissure du bras divisant quasi l'os en deux parties dediez pour recevoir le tendon du muscle biceps
EF La partie posterieure de l'os
HI La partie anterieure de l'os
KLM La partie de l'os cambre et enfoncée
N La ligne ou espine servant à l'origine des muscles
O La cavité qui reçoi la teste du coulde
P L'autre cavité opposée à la premiere qui reçoit les apophyses du coulde
Q La poulie qui est au bout de l'os
RR Les deux apophyses inferieures du bras l'externe et l'interne
T La 3.e apophyse qui est au milieu des deux par le moyen des quelles se fait le ginglyme

FIGURES VII. Monstrent l'os Du rayon et du coulde

ABB. Les apophyses pointuës qui sont au bout de l'os du coulde
CC La cavité qui reçoit la poulie du bras
D Les asperitez de l'os qui servent à l'insertion des muscles.
EE L'epiphyse ronde et caue du rayon qui fait la pronation et supination de la main.
FF Le col de l'epiphyse.
GG Les asperitez la scissure du rayon
HH Les apophyses pointuës II L'olécrane
KK La partie pleine et egale.

FIGURE VIII. Montre les 2 os de la jambe

AA La partie intern.e de l'epiphyse superieure de l'os de la jambe la quelle a deux cavitez superficielles qui reçoivent les testes inferieures de l'os de la cuisse nommée condyles
BB La ligne qui separe l'epiphyse de l'os.
C L'epiphyse superieure du perone, la quelle touche immediatement l'epiphyse superieure de l'os de la jambe.
D En cet endroit sont attachez et comme affichez les 4 muscles qui estendent la jambe EEEE Les distances et separations qui sont entre l'os de la jambe et le peroné aus quelles il faut remarquer les lignes, angles et espines.
FFFF Les lignes et apophyses aiguës qui sont apparentes en l'os de la jambe.
GGGG D'autres fentes qui sont au même os
HH La premiere ligne du peroné
I La deuxieme KK La troisieme.
LL L'epiphyse inferieure de l'os de la jambe
M L'apophyse inferieure de l'os de l'esperon faisant la cheville externe
N L'apophyse inferieure de l'os de la jambe faisant la cheville interne
O Les 2 cavitez superficielles qui reçoivent le premier os du pied nommé Astragal.

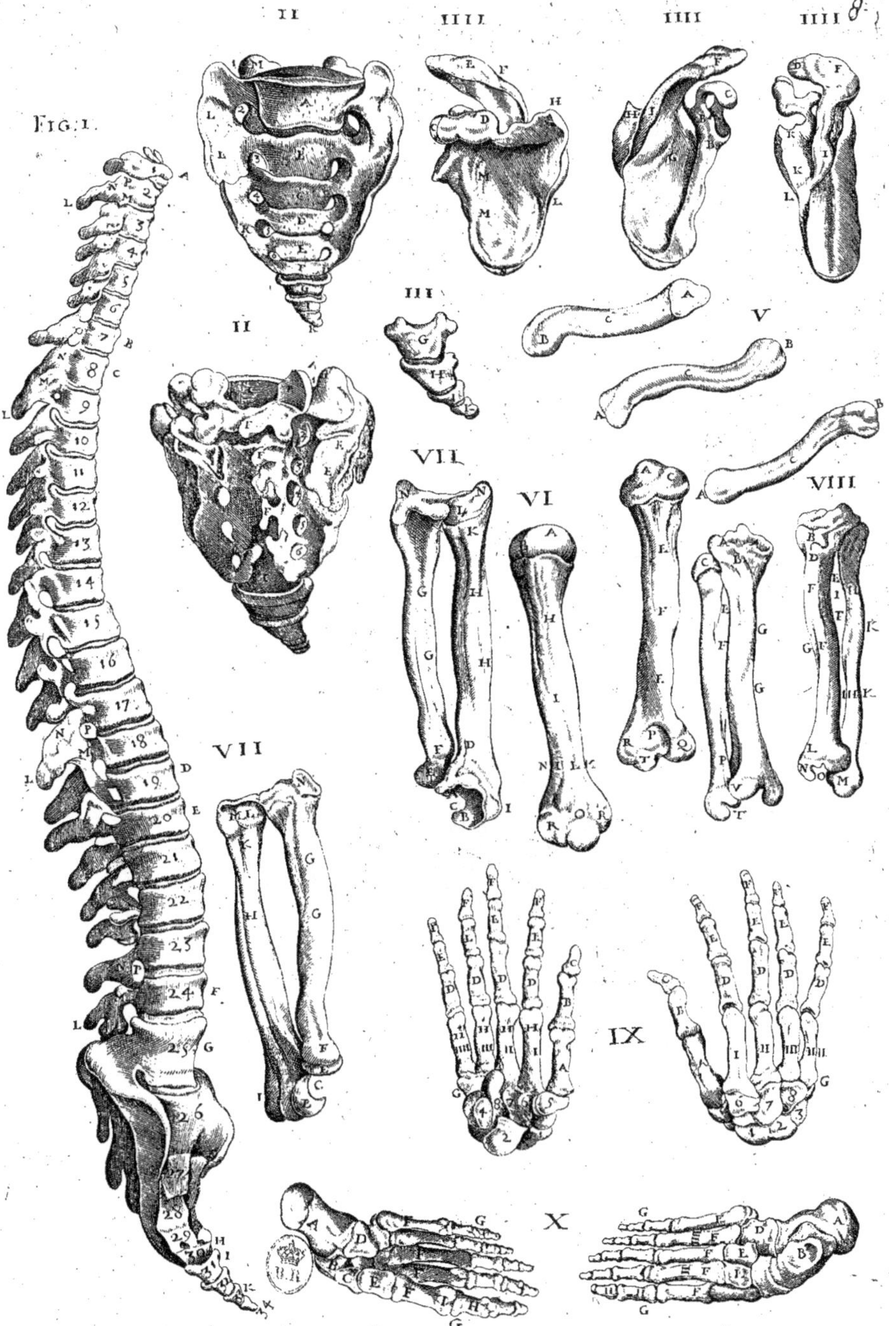

P[9] La connexion des deux os de la fossile par leur partie inferieure.

Q La cavité qui est en l'epiphyse inferieure du petit fossile, de laquelle sort vn ligament tres fort qui est porté à l'os astragal.

LA FIGVRE IX. Montre tous les os tant internes qu'externes de l'extreme main

1.2.3.4.5.6.7.8. Les huict os du carpe separez en deux ordres qui n'ont point de noms propres, desquels les quatre premiers sont articulez avec le coulde et le rayon, et les quatre autres auec le metacarpe

I·II·III·IIII· Les quatre os du metacarpe qui sont articulez par leur partie inferieure avec le carpe par synarthrose c'est a dire par vne articulation compacte et fort serrée, laquelle apres Galien nous appellons neutre et douteuse Car elle est diarthrose si on a egard a la maniere de la composition parce qu'il y a des testes et des cavitez mais elle est synarthrose a raison du mouuement qui est tres obscur.

ABC Les trois os du poulce.

DDDD La premiere rangée des os des doigts.

EEEE La deuxieme rangée FFFF La troisieme rangée

HHH Les os sesamoïdes qui rendent l'articulation plus ferme et plus aseurée.

LA FIGVRE X. Monstre tous les os du pied

AA L'os du talon, nommé aussi Astragal, noix d'archaleste et quatrio a raison qu'il a quatre costez.

BB L'os calcaneum.

CC L'os scapoïde ou naviculaire, ainsi dit, parce qu'il resemble à vn esquif ou batteau de nef.

DD L'os Cuboïde, ainsi nommé, parce qu'il est quarré.

EEE Les trois os appellez de quelques vns chalcoïdes c'est a dire cuneifomes.

FFFF Les cinq os du metarse, la composition des quels est presques semblable à ceux du metacarpe

GG Les jointures des cinq orteils, qui son disposées en mesme ordre que les doigts de la main: chaque orteil estant de trois os, excepté le poulce ou gros orteil, qui n'en a que deux.

* Les os sesamoïdes affermissans les articulations des orteils. On auoit obmis quelques particularitez en la figure des os du coulde, que l'on trouuera en cet endroit.

L La partie interne de l'epiphyse inferieure de l'os du coude qui est caue et est articulée au carpe.

M L'apophyse styloïde de la dite epiphyse.

N La partie superieure de l'epiphyse inferieure du rayon qui a en son extremité deux cavitez qui reçoiuent les os du carpe.

** Comment le rayon et le coude sont separez en leur milieu pour faire place aux muscles et ioints par leurs parties superieures et inferieures.

TABLE DES OS ET DES CARTILAGES des enfans nouueaux formez et nais.

FIGURE I. Est vn enfant agé de 18 mois.

A L'os du front separé en deux parties égales par vne suture qui descend iusques aux narines.

B La partie squammeuse de l'os des temples osseuse en son milieu et membraneuse en son circuit.

C La separation de la maschoire inferieure qui se fait par vn cartilage.

D D Les vertebres du col.

E les os du sternon qui sont

F. Cartilagineux.

F Les extremitez de l'os ilion qui sont cartilagineuses

G La teste de l'os de la cuisse qui est molle et cartilagineuse.

H Les trochanteres qui sont epiphyses et mols.

I La rotule du genouïl qui est toute cartilagineuse.

FIGVRE II. represente les os tendres d'vn enfant abortif de deux mois qui sont beaucoup plus cartilagineux que ceux de l'enfant cy desus representé.

FIGVRE III. represente vn fœtus de 30 iours, desia articulé et formé tous les os du quel ressemblent a du beure ou a du fromage caillé.

a L'ouuerture qui est en la partie superieure du crane que le commun peuple appelle la fontenelle ou fontaine de la teste, et les Arabes zudech, où l'on voit le cerveau anterieur se mouuoir

b b Les extremitez du bras totalement cartilagineuses.

C C Les epiphyses du coulde et du rayon molles et quasi separées des os qui fait quel les souffrent quelquesfois luxation

d d Les epiphyses des os de la cuisse et de la iambe.

e e Les os du tarse du tout cartilagineux.

FIGVRE IIII represente la partie externe du crane

AA L'os occipital divisé en quatre parties.

B B Le trou de l'os occipital qui est tres grand et dedié a la medulle spinale.

CCC L'os sphœnoide distingué en quatre parties.

DDD Les alueoles ou mortaises des maschoires dans lesquelles les dents sont fichées mesme aux petits enfançons.

LA FIGVRE V. monstre la partie interne du crane de l'enfançon.

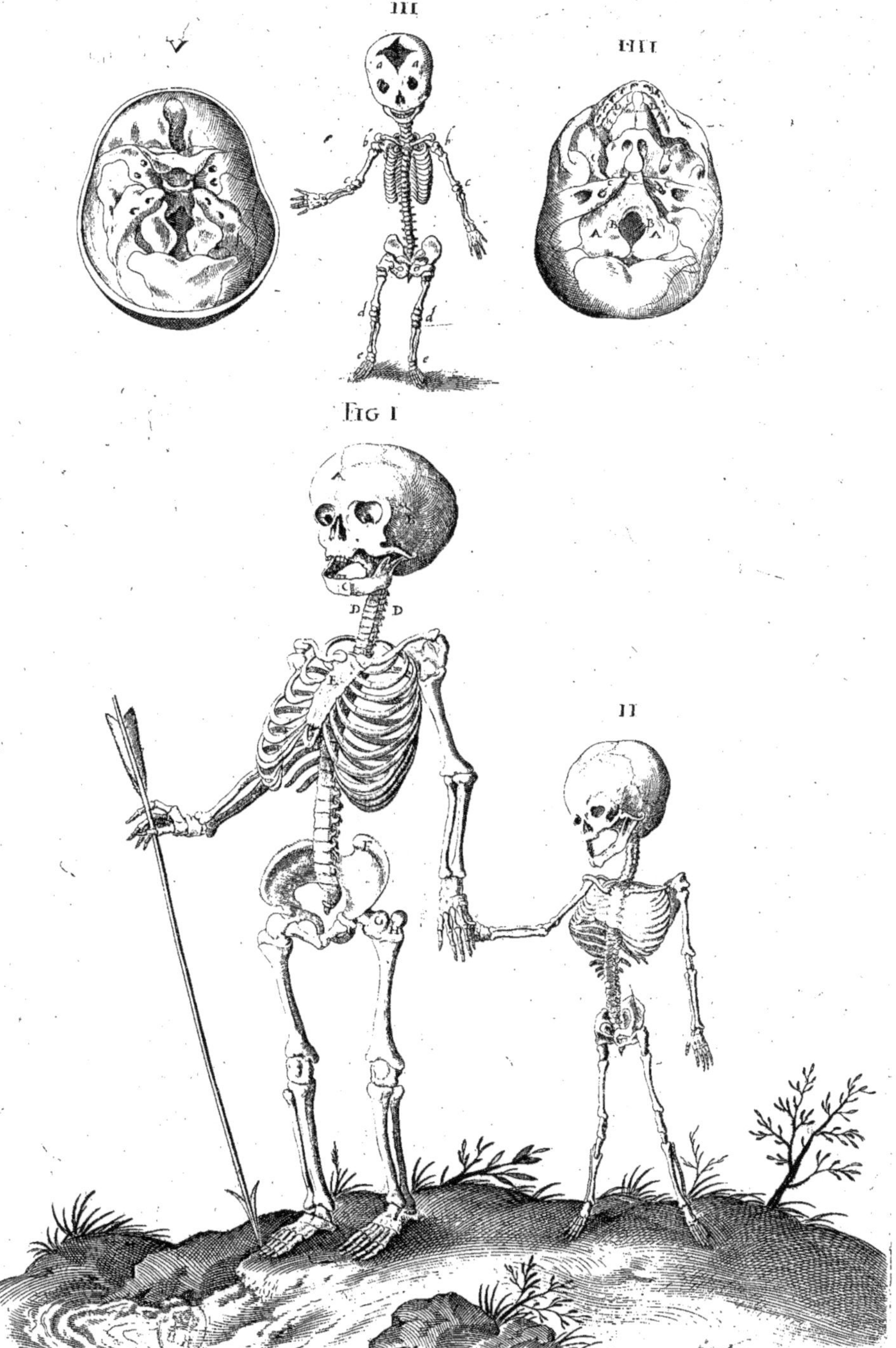
V
III
IIII
FIG I
II

TOVS LES RVISSEAVX DES VEINES ET ARTERES LEVRS naissance & leurs insertions.

12.

FIGVRE I.

AAA Le diaphragme.
B Vne portion du pericarde.
C La situation du cœur duquel naissent toutes les arteres
DDDD Les quatre aisles ou lobes du poulmon
E la trachée artere
F La partie gibbeuse du foye
GG La partie cave du foye
H La vesicule du fiel
QR Les deux reins le dextre et le senestre
T La situation de la veine cave entre le diaphragme et le cœur VX la base du cœur
Y La pointe du cœur.
a Le tronc de la veine cave s'ouurant d'vne tres grande ouuerture dans le ventricule dextre du cœur
b L'oreillette dextre du cœur
c L'oreillette gauche
d Le tronc de la veine arteriuse
e rameaux de l'arte veineuse et de la veine arterieuse
f Le tronc de la grosse artere
g Le rameau soubsclavier naisant de la grosse artere.
i La portion plus grande et plus aparente de ce rameau qui se fourchant en deux fait la carotide.
kl La dextre et la senestre marquées par ces lettres kl.
m L'artere axillaire
nn Les nerfs qui vont au diaphragme par lesquels se fait la sympathie admirable qui est entre lui et le cerveau.
o Le commencement de la veine sans pair. pq Division de la veine cave ascendante en deux rameaux notables.
1 La iugulaire interne.
2 2 La iugulaire externe.
4 Division de la iugulaire externe
5 La veine auriculaire qui passe
6. par les temples divisée en deux rameaux. 7. Le rameau faisant la veine du front.
9 Le nerf recurrent gauche.
10 Les rameaux de la veine cephalique
11 La veine cephalique
12 La veine basilique.
13 Fourchement de la cephalique
14 Petit rameau de la cephalique qui manque quelquesfois.
15, 16, 16, Rameau de la cephalique faisant la mediane.
17 La basilique decendant au bras
18, 19 Division de la basilique
20 Le rameau de la basilique faisant la mediane.
21 La veine commune ou mediane
22, 23 Basilique profonde divisée en deux rameaux
24 Rameau de la mediane alant
25 au petit doigt et faisant la salvatelle marquée par ce 25.
26 quelques rameaux de l'artere qui acompagnent les rameaux
27 Petits scions qui se trainent a la peau. 28 Comment la cepalique et la basique se distribuent diversement dans quasi toute la main.
1 Le tronc de la veine porte
2 Les cystiques qui sont gemelles
3 Le conduit de la vesicule
* Les nerfs et arteres du foye
4 La grande artere
5 Les rameaux de la grande artere qui accompagnent quasi partout les rameaux de la veine porte. 7. la veine adipeuse
8, 9. Les deux emulgentes ou renales
10, 10, Les veines spermatiques la dextre sort du tronc et la senestre de l'emulgente. u.u. le. 2 arteres.
12 La grande artere decendante
q L'origine des arteres spermatiques
13 Le meslange des veines et arteres spermatiques. a Les veines et arteres lombaires.
b Division de la veine et de l'artere
c Les arteres sacrées. d Le rameau iliaque. e La veine muscule
g La veine sacrée. h La V. honteuse
i La veine hypogastrique
n La naissance de l'artere vmbilical
l Le rameau epigastrique
mm La saphene et ses rameaux
n La petite sciatique. o La muscule externe. p La muscule interne
r La veine crurale f t La veine poplitique et ses rameaux, V. 1. Sa division au iaret.
XY Deux rameaux externes venans de la petite sciatique
Z vn rameau naissant de la veine crurale. 3. 4. La veine surale. 5. La grande sciatique

la Figure II. montre la veine azygos ou sans pair.

Figure III. Montre le consentement qui est entre les mamelles et la matrice par les veines epigastrique et mammaire.
1. Le rameau epigastrique qui s'en va iusques au nombril
a b. Les veines mammaires

Figure IIII.

A. le tronc de la veine porte
B. L'artere entrant au foye
C. L'artere et le nerf qui se distribuent dans la vessicule
D. la veine cystique
EF. la veine et l'artere gastrique
G. le conduit de la bile qui s'en va au costé du boyau Duodenum
H. les veines et arteres gastrépiploiques. I. le rameau mesenterique K. le rameau splenique
L la veine et l'artere intestinale
M le tronc de la veine porte
N la veine coronaire stomachique
O. L'epiploique dextre
PQ l'epiploique posterieure
R La petite gastrique
S les ruisseaux du rameau splenique qui se distribuent partout e la ratte
T le vas breue ou venosum
V la ratte. XX les veines du mesentere 2. 2. les arteres mesaraiques. Y les veines hœmorrhoidales
3. 3. 3. les glandes du mesentere

Figure V.

AA la plus grande partie du foye
B la veine vmbicale

Figure VI montre les vaisseaux des testicules.
AA le testicule 9 9 la membrane dartos enuelopant le testicule
2 le muscle suspensoire
3. 4. les replis du vaisseau eiaculatoire 5 le testicule couuert de sa membrane propre
6. 7. L'epididyme

Figure VII.

A Le nombril.
B La veine vmbicale.
C L'ourachos venant du fonds de la vessie lequel ne se trouue point dans les bestes a cornes
DD Les deux arteres vmbilicales qui viennent des arteres iliaques.
E La vessie. F. Les vreteres.
G Les prostates.
H L'hourethra ou conduit comun a la semence et a l'vrine

Figure VIII.

A Le nombril B. La veine nourrice de l'embrion ditte vmbicale, C. L'ourachos.
D Les arteres vmbicales.
EE Les prostates.
F Le conduit comun a la semence et a l'vrine, G. Le muscle sphincter faisant office de portier, H La verge ou mem bre viril.

Figure IX represente la matrice et ses vaisseaux dont on trouuera cy apres vne representation plus grande
a Le fonds de la matrice
b L'orifice interieur de la matrice
c Le col de la matrice
d L'orifice du col auquel se voit le conduit par lequel l'vrine sort de la vessie, e Grand nombre des branchettes des veines et arteres honteuses qui se terminent au col de la matrice ff les montagnettes au milieu desquelles est vne scissure qui fait la grande fente

8 Coment les vaisseaux spermatiques decndent et remontent par la proction du peritoine
9 Les vaissaux eiaculatoire
10 Les petits rameaux naisans des veines et arteres spermatiques
11 Les veines spermatiques separées.
12 Les conduits vrinaires.
13 Coment les vaisseaux eiaculatoires vont et s'assemblent aux testicules

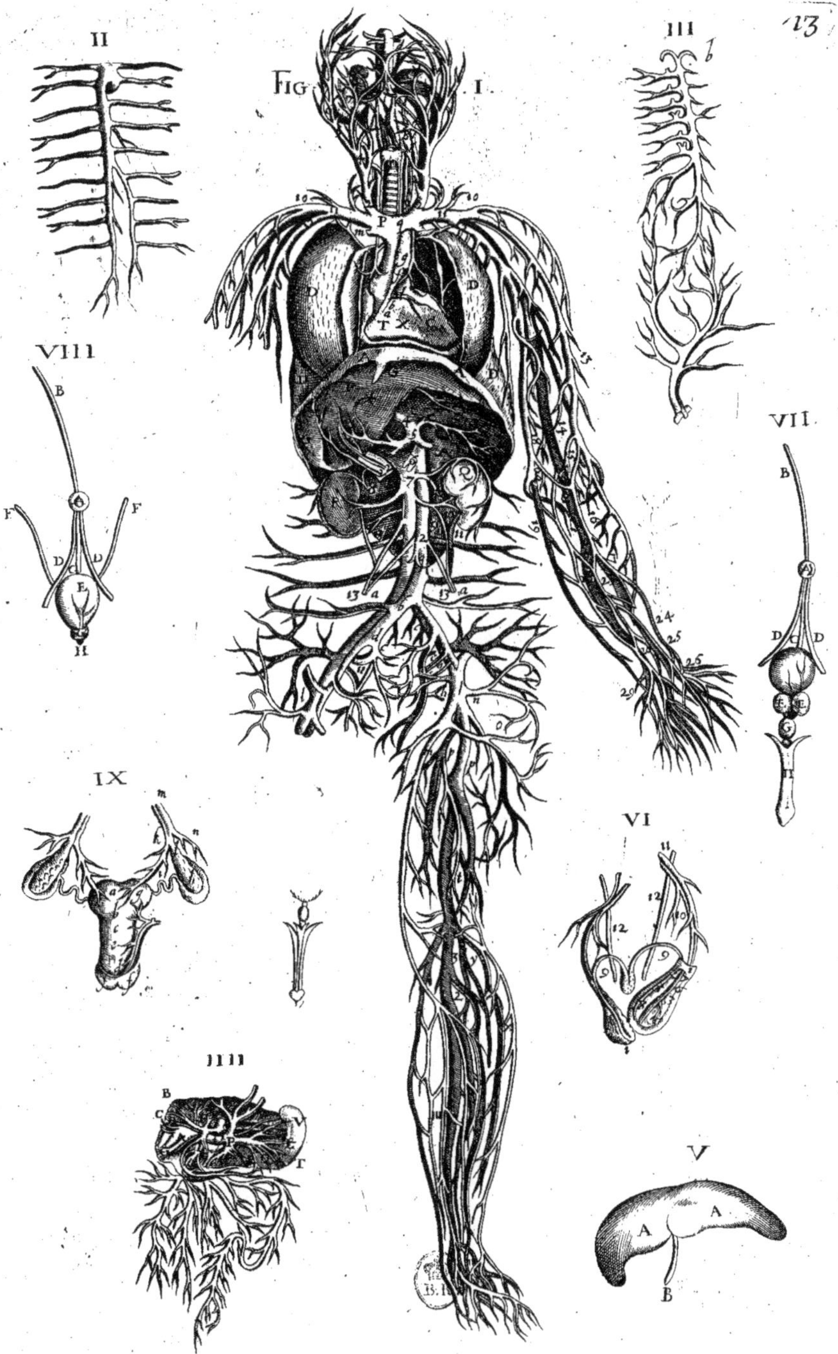
FIG. I.
II
III
VIII
VII
IX
VI
IIII
V

LES RACINES DES VEINES CAVE ET PORTE ET LES ANASTOMOSES QV'ELLES FONT ENTRE ELLES QVI SONT en grand nombre, et qui on't été inconnuës aux anciens.

Figure I

qui represente les racines de la veine cave et de la porte épar ses dans le foye qui s'unisse en luy

AAAA Ce sont les plus notables racines de la veine cave

B le tronc de la veine cave ascendant

CC tronc de la veine cave descendante

DDD racines de la veine porte

EEEE les anastomoses des veines cave et porte, car ces deux veines s'unissent en plusieurs lieux et le sang passe et repasse librement de la veine cave dans la porte, et de la porte dans la cave

Figure II.

montre les rameaux de la veine cave ascendante et la communion des veines thoraciques avec quelques rameaux de la veine sans pair.

a le tronc de la veine cave ascendant

b la veine azygos ou sans pair

dd les veines intercostales qui nourissent les costes superieures

cc les rameaux soubs claviers

eee les veines thoraciques qui arrousent les muscles anterieurs de la poictrine et les mammelles

ffff les rameaux des veines thoraciques qui s'unissent par anastomose avec les branches de l'azygos

g g le rameau axillaire

h h la veine basilique ou interne

ii la veine cephalique humeraire ou externe

kk la mediane, que les Arabes noment veine noire

ll le rameau de l'azygos qui a communication avec l'emulgente

Figure III.

represente tous les rameaux de la veine porte

A le tronc de la veine porte sortant hors du foye

BBB les racines de la veine porte espar ses dans la chair du foye

CC les cystiques qui sont gemelles

D la veine gastrique qui va à l'orifice du ventricule

E division de la porte en deux notables rameaux nommez Splenique et mesenterique

F le rameau Splenique qui est au costé gauche et plus eslevé

G le rameau mesenterique qui est au costé dextre et plus grand

H la coronaire Stomachique qui ceint l'orifice du ventricule

II division du rameau Splenique s'en allant à la ratte

LL le rameau hæmorrhoïdal qui fait les hæmorrhoïdes internes

MM les autres rameaux du mesentere qui sont presque innombrables

Remarque sur la figure III le dessinateur a fait une faute considerable en cette figure ayant placé le rameau Splenique au costé droit lequel doit estre au costé gauche

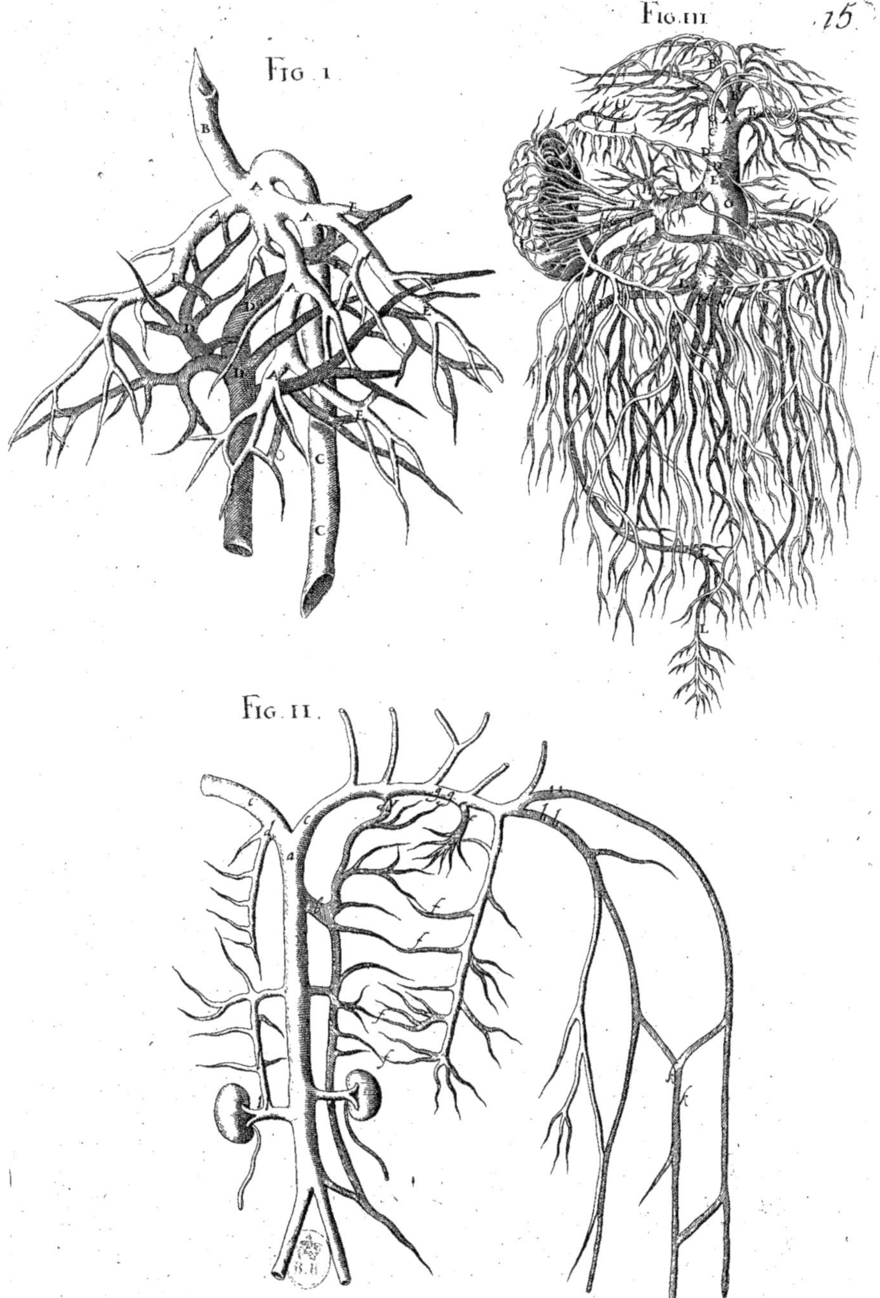
Fig. I
Fig. III
Fig. II

TOUTES LES VEINES EXTERNES QVI SE traînent sous la peau représentée en cette table

Figure I. monstre les Veines anterieures.

aa La veine du front.

bb Petits scions de la iugulaire qui vont aux bouffes et au nez.

cc Les veines qui vont aux temples et au derriere de la teste.

dd La jugulaire externe

ee La cephalique ou externe

ff La basilique ou interne.

gg La mediane faite des rameaux de la cephalique et basilique s'unissans ensemble.

hh Petites branchettes qui vont des veines thoraciques aux mammelles.

ii Rameaux naissans de la veine epigastrique

kkk Les ruisseaux de la veine crurale qui sont externes et qui decend aux aines et aux cuisses

ll La veine crurale décendant par la partie interne de la cuisse.

mm La veine interieure de la jambe.

nn La veine exterieure de la jambe qui se distribue dans les parties externes.

oo La saphene.

LA FIGURE II monstre les veines externe du derriere du corps

1 La veine puppis.

2 Les rameaux qui vont de la jugulaire au dos

3 La veine salvatelle qui est sous le petit doigt

4 La veine qui s'ouvre sous le poulce

55 La veine du jarret ou poplitique

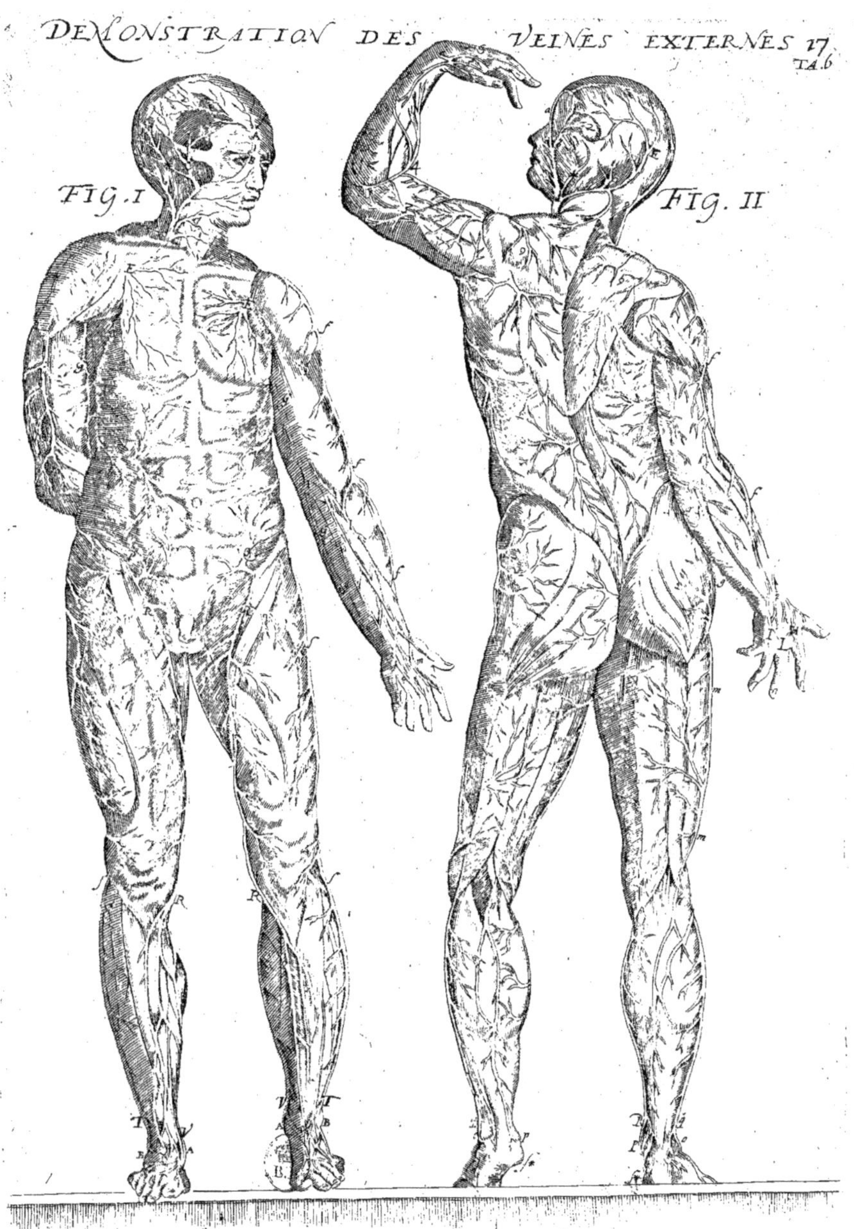
DEMONSTRATION DES VEINES EXTERNES
17
TA.6
FIG. I
FIG. II

DEMONSTRATION DES VEINES ET ARTERES

A La veine du front entre les deux sourcils, qui paroist lors qu'on serre le col avec la ligature.
B La veine de la pouppe sur la teste laquelle se montre en plusieurs branches.
C Les veines des temples sous le pericrane, se coulent sur le muscle temporal, provenantes des jugulaires internes.
D Les veines qui sont aux coins internes des yeux.
E Les veines derriere les aureilles se montrent sous l'os vers la nuque
F trois petites veines paroissent où l'extremité de l'oreille vien a touché prés les cheveux.
G. Deux veines jugulaires.
H. Veines sur l'extremité du nez
I quatre veines entre les levres deux a chaque costé.
K Deux veines sous la langue
LL Deux veines mammillieres.
MM Veines cephalique, humeraire, ou externe.
NN Basilique du foye, axillaire, ou interieur du bras.
O La veine du milieu, ditte noire, ou mediane, et commune, dautant qu'elle se communique a la cephalique, et basilique, selon cette figure Y.
P Veine de la main, dite salvatelle, albnerine, seilem, residente entre le doigt du milieu annulaire et le petit.
Q Cephalique de la main, laquelle existe entre le poulce et l'jndex
1.2. La veine de la hanche, est située en la cavité d'icelle ou l'espine du dos finit, et les veines hemoroïdales paroissent deux aux âgez qui surpassent quatorze ans.
R. Veine de la jambe qui sort vers l'aine.
S Cette mesme dite saphene se voit proche le talon.
T La premiere branche de la saphene s'etend a la premiere jointure de l'orteil.
T L'autre branche de la saphene se voit au talon.
V La derniere veine de la hanche provenante de la dite place exterieure, dite politea.
X La mesme se voit sur l'os de la jambe.
YY Lesdites se manifestent plusieurs fois par dehors.
a. Arteres des temples sont fort dures de peau, en tournoyant.
b Arteres a l'entour des aureilles
v l'Artere qui se demonstre entre le poulce et l'jndex.
δ Artere du talon.

OUVERTURE DES VEINES

V Droite incision.
E Transverse selon la largeur.
N Transverse selon la longueur.
A Oblique selon la longueur.
R Petite et oblique.
V Estroite a costé.
M L'autre estroite a costé.

DEMONSTRATION DES NERFS.

3. Fibres droites.
4. Fibres transverses.
5 Fibres obliques.
6 Maniment de la Lancette.

DE VENIS.

Profluat inflicto de venis vulniere sanguis:
At sanum corpus sectio tuta facit.

DE ARTERIIS.

Vitales animas præstans Arteria claudit.
At sanum corpus sectio tuta facit.

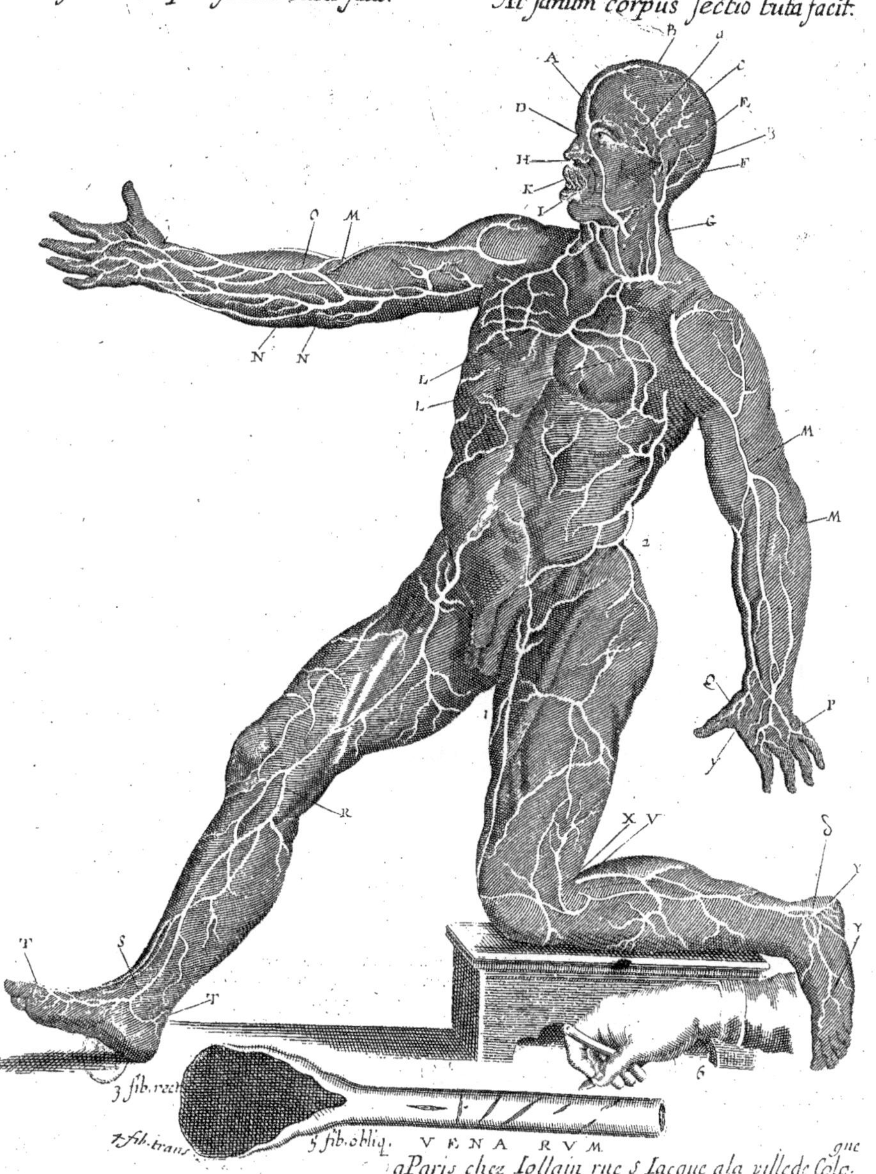

CETTE TABLE REPRESENTE LES NERFS. Sortans du cerveau.

FIGURE I.

AAA La superficie du cerveau.
B Le Cerebellum ou cervelet.
C Les apophises mammillaires.
E Vne portion de la moëlle de l'espin.
F L'organe du flair.
G Le nerf optique.
I La tunique reticulaire.
K La seconde coniugaison mouvant l'œil.
L Vn petit rameau du 3.e paire.
M Le nerf servant au goust.
N Vn rameau du 3.e paire qui s'en va au front.
O Autres rameaux du 3.e paire.
PP La tunique interne des narines
Q Autres rameaux du 3.e paire.
R rameau du 3.e paire qui va à la bouch
S rameau du 3.e paire qui s'insere aux dents maschelieres.
TV Autre rameau.
XX Rameaux qui sont portez aux dents.
Y rameau du 3.e paire qui s'insere dans la langue.
Z La 4.e coniugaison.
a Le 5.e paire dedié à l'ouye.
bcd rameau du 5.e paire qui est porté aux muscles masseteres.
ee La sixieme coniugaison.
fg Rameaux semez dans les muscles du col.
h Le nerf costal.
✱✱ △△ nerf de la 7.e coniugaison
ii Nerf intercostal venant de l'espine
k Nerf stomachique.
lm nerf recurrent dextre.
nop nerf recurrent gauche.
q rameaux qui vont aux poulmon
r rameaux qui finissent au pericarde.
stu ramification du nerf stomachique
XY rameaux qui vont à l'epiploon et à la vessicule.
I. 2. 3. 4. 5. 6. 7. 8. 9. 10. Ces rameaux se distribuent dans quasi toutes les parties du ventre inferieur.

FIGURE. II.

AA La partie exterieure du cerveau.
B Le Cerebellum ou cervelet.
C Les apophyses mammillaires.
DE Le commencement de la moëlle de l'espine.
F Les organes du flair.
G Les nerfs optiques.
1. 2. 3. trois trous.
H L'vnion des optiques.
I La tunique retiforme.
K La seconde coniugaison.
LM La troisiéme coniugaison.
abcd La 5.e coniugaison et ses rameaux.
e La sixiéme coniugaison.
f La septiéme coniugaison.

FIGURE III.

A L'orific.e de la grande artere avec les deux arteres coronaires.
B Le tronc descendan de la grand' artere.
C L'artere soubsclaviere senestre.
D Le tronc ascendant de la grand artere.
E L'artere soubsclaviere dextre.
F G Les arteres carotides.
HIK Les rameaux de la trachéartere
L Le larynx.
M Les glandes du larynx
N O Le nerf de la sixiéme coniugaison.
PQQ La reflexion du nerf recurrent dextre soubs l'artere soubsclaviere.
RSS La reflexion du nerf recurrent gauche au tronc de la grand artere.

II.

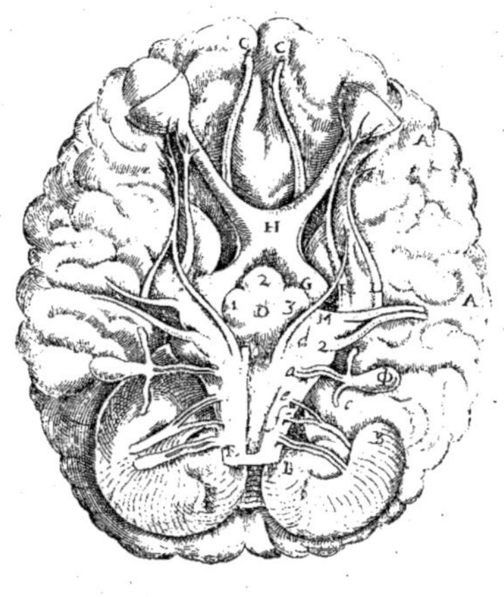

FIG. I.

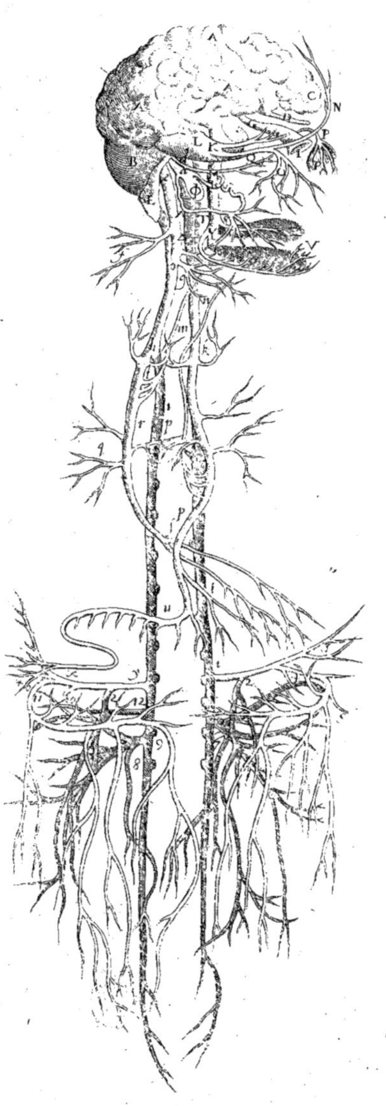

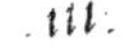

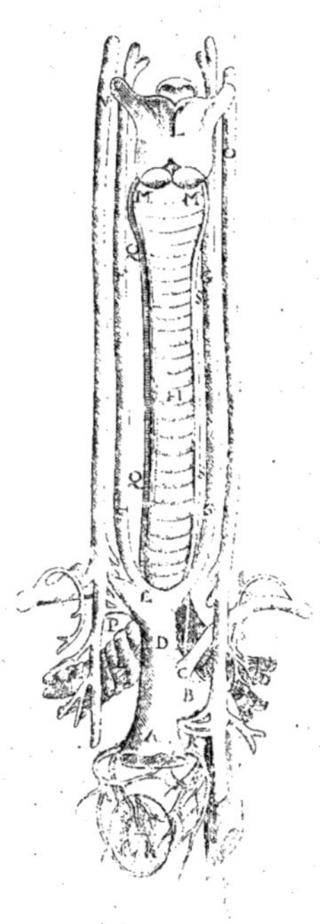

TABLE DE TOUS LES NERFS principalement ceux qui naissent de LA MOELLE DE L'EPINE

A Le lieu de la moëlle de l'espine.
1 2 3 4 5 6 7 8 9 10 11 &c. Sont les vertebres de la medulle spinale.
G Distribution du rameau posterieur du premier paire des nerfs du col.
HIL Distribution du rameau anterieur du mesme paire.
MN. Le rameau du second paire et sa distribution.
O Le rameau posterieur du troisieme paire.
P Le rameau anterieur du mesme paire.
VXY Tous les rameaux du quatrieme paire.
5. Le cinquieme paire.
cdefghi Les rameaux anterieurs et posterieurs du cinquiéme paire.
6. Le sixieme paire.
nnoo Les nerfs du diaphragme.
7. Le septiéme paire.
8 et 9 Le premier et le deuxiéme paire du dos.
10. 11. 12. 13. 14. 15. 16. 17. Les dix paires des nerfs sortans de l'espine du thorax.
1. 2. 3. 4. Les six paires de nerfs qui se distribuent dans les bras.
Δ* Division des nerfs du bras.
20. 21. 22. 23. 24. Les cinq paires des nerfs sortans de la medulle lombaire.
25. 26. 27. 28. 29. 30. Les six paires des nerfs sortans de l'os sacrum.
14 Le premier nerf est porté dans la cuisse.
15 Petit scion du premier paire de la cuisse se ramifiant dans la peau.
16 Petit scion du mesme premier paire qui se distribue aux muscles.
17 Le second paire de la cuisse.
18 Le rameau superficiel de ce second paire.
K Le rameau profond de ce second paire.
19 Le troisiéme paire des nerfs de la cuisse.
20 Le rameau de ce troisieme paire qui va au muscle triceps.
21 Le quatriéme paire des nerfs de la cuisse qui est le plus gros de tous.
22. 23. 24. 25. 26. 27. 28. Tous ces chiffres marquent les scions du quatriéme paire et monstrent comment ils se fourchent diversement dans tous les muscles et parties du pied

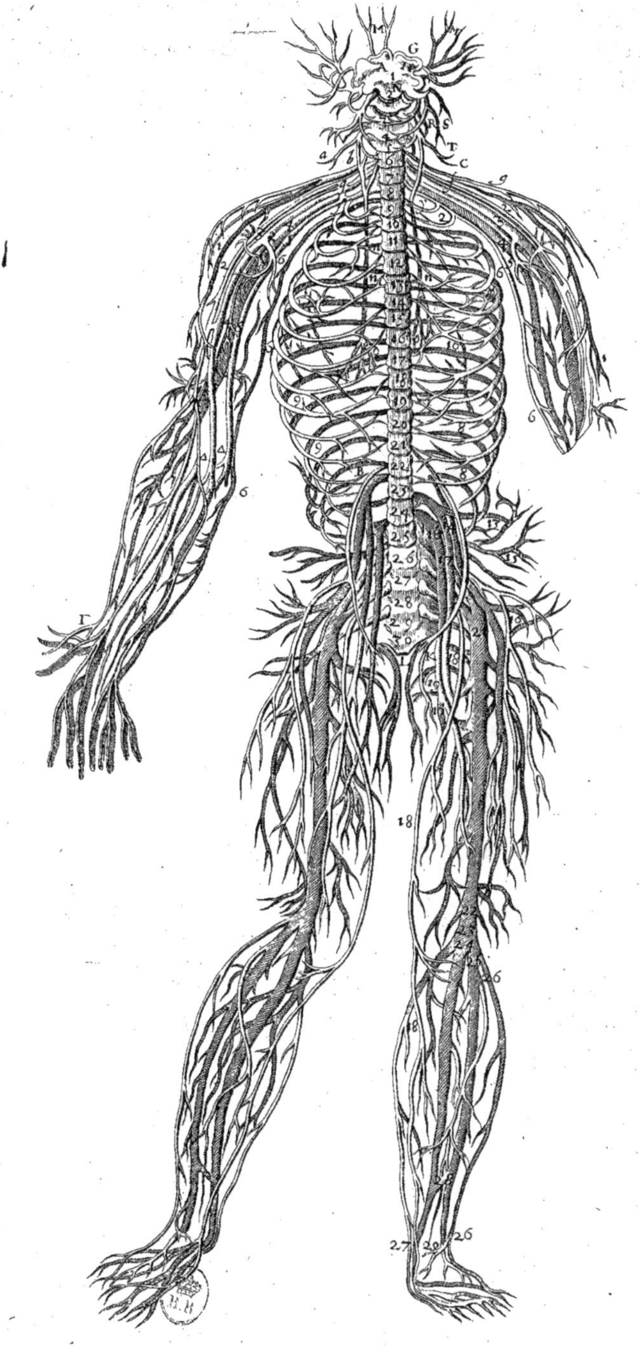

TABLE DE LA MEDVLE spinale et des nerfs qui en naissent

LA FIGVRE I. REPRESENTE LA MOELE

Toute entiere couverte et envelopée de toutes ses membranes.

A La portion de la medulle spinale qui est couverte par le crane.

BBB La medulle spinale sortant hors du crane enfermée dans les vertebres et revestuë de ses deux membranes de l'espaisse et de la deliée.

C Comment la moëlle est plus large et plus grosse au col.

DDD Comme elle diminuë peu a peu au dos

EE Comment elle devient plus large aux environs de la region des lombes.

F Comme elle devient fort menuë sur la fin de l'os sacrum.

G Les nerfs sortans neuds a neuds et cordon

LA FIGVRE II.

Monstre la medulle depoüillée de la membrane épaisse et qui n'est plus revestuë que de la deliée elle monstre aussi les petites veines et arteres et comment les nerfs sorten egalement de la partie anterieure et posterieure.

aa La membrane deliée.

bb Les petites veines et arteres semées dans les membranes.

CC Comment les nerfs sortent.

LA FIGVRE III.

Mõstre la face anterieure de la medulle qui est tout a fait depoüillée de ses membranes

LA FIGVRE IIII.

Monstre la moelle jettée dans de l'eau et comment tous tes nerfs finissent en cheveux et ressemblent a vne queuë de cheval.

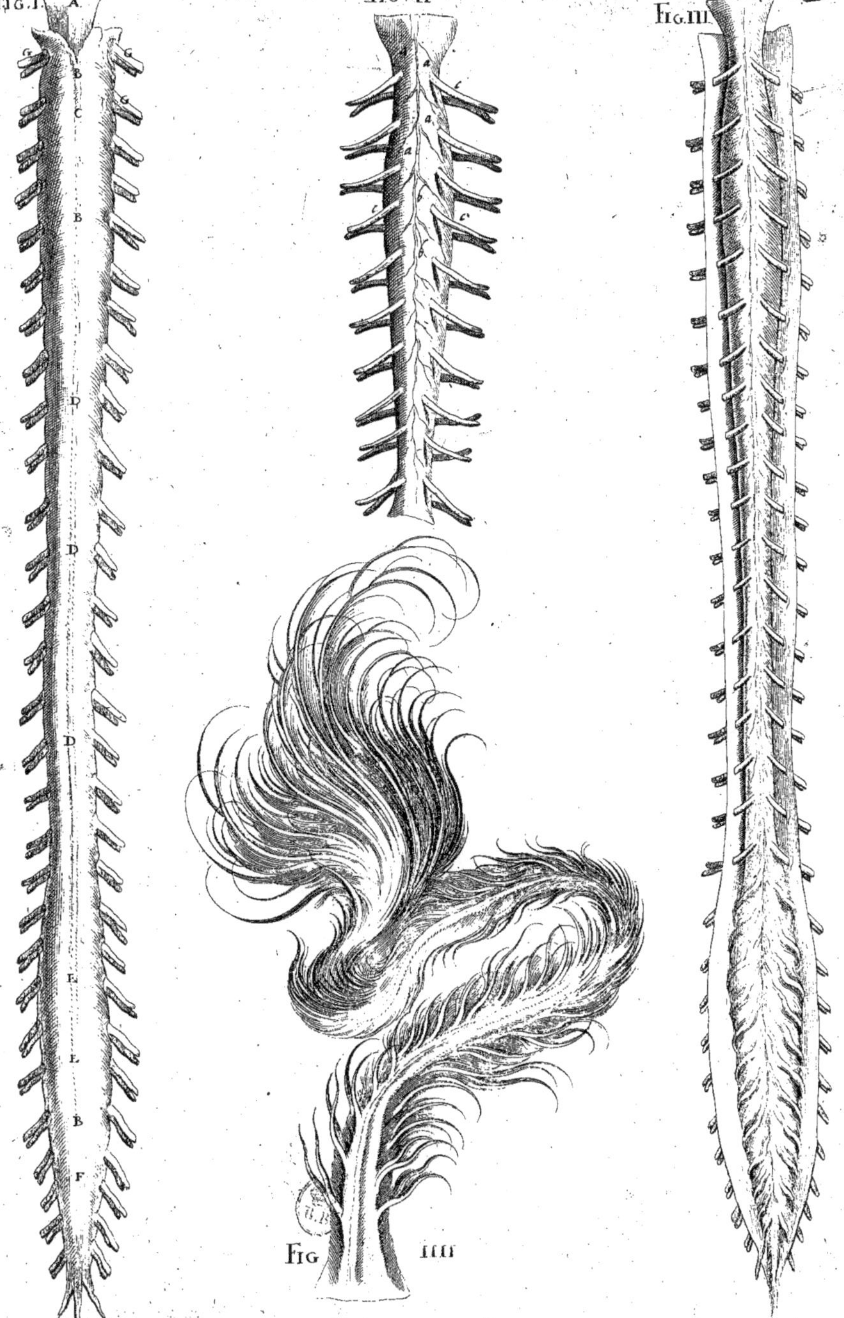
25
Fig. I
A
B
C
D
E
F
G
Fig. II
a
b
c
Fig. III
Fig IIII

PREMIERE TABLE DES MVSCLES du corps humain

LA FIGVRE I.

A Les glandes qui sont sous les oreilles.
B Le muscle qui ouure la maschoire.
C Le muscle sterno hyoïde.
D Le muscle coracoide.
F Le muscle fléchissant la teste, nommé mastoide.
G Vne portion du trapeze.
H La cavité qui est au dessus de la clavicule.
I La clavicule.
K Le muscle deltoïde.
L Le muscle pectoral.
M Le sternon.
OOO Le petit dentelé.
PP L'origine de l'oblique externe ou descendant de l'epigastre.
Q Le muscle biceps.
R Vne des testes du biceps.
SS Le muscle brachial.
T Vne portion du muscle long estendant le bras.
V Le muscle rond pronateur du rayon.
XX Le fléchisseur superieur du carpe.
Y Le palmaire.
z Le fléchisseur inferieur du carpe.
aa Le muscle long supinateur du rayon.
bb L'extenseur superieur du carpe.
ccd L'extenseur du poulce.
e Le tendon du muscle extenseur du doigt index.
h muscle moyen qui ameine le poulce.
3.4.5.6. L'anneau du carpe.
1 Muscle tenar.
* muscle hypotenar.
K production du pertoine.
l Les glandes des aines.
m Le muscle triceps.
o Le muscle cousturier.
p Le muscle gresle.
Q Le muscle membraneux ou bande large.
△ Vne portion des muscles fessiers.
r Le muscle vaste externe.
s Le muscle droit gresle.
t Le vaste interne.
u Le biceps.
xy L'os de la jambe sans chair.
z Le jambier anterieur.
2 Le gemeau externe.
3 L'esperonnier.
4.5 L'extenseur des orteils.
7 La cheville externe.
8 L'anneau du tarse.
9 L'ameneur des orteils.
10 Le gemeau interne.
11 Le tendon du muscle plantaire.
12.13. une portion du muscle solaire.
14 une portion du jambier posterieur.
15 Le ligament qui venant de l'os de la jambe finit au talon.
16 Le muscle qui respond au tenar.

LA FIGVRE II. MONSTRE le diaphragme

A Le corps du diaphragme.
B Le trou de la veine cave.
C Le trou de l'œsophage.
D comment la grande artere passe entre les deux parties du diaphragme sans qu'il soit troué.
**** La partie charnuë du diaphragme.
FF Les deux liens par lesquels le diaphragme est attaché aux vertebres des lombes.
GH Les deux bouts des dits liens.

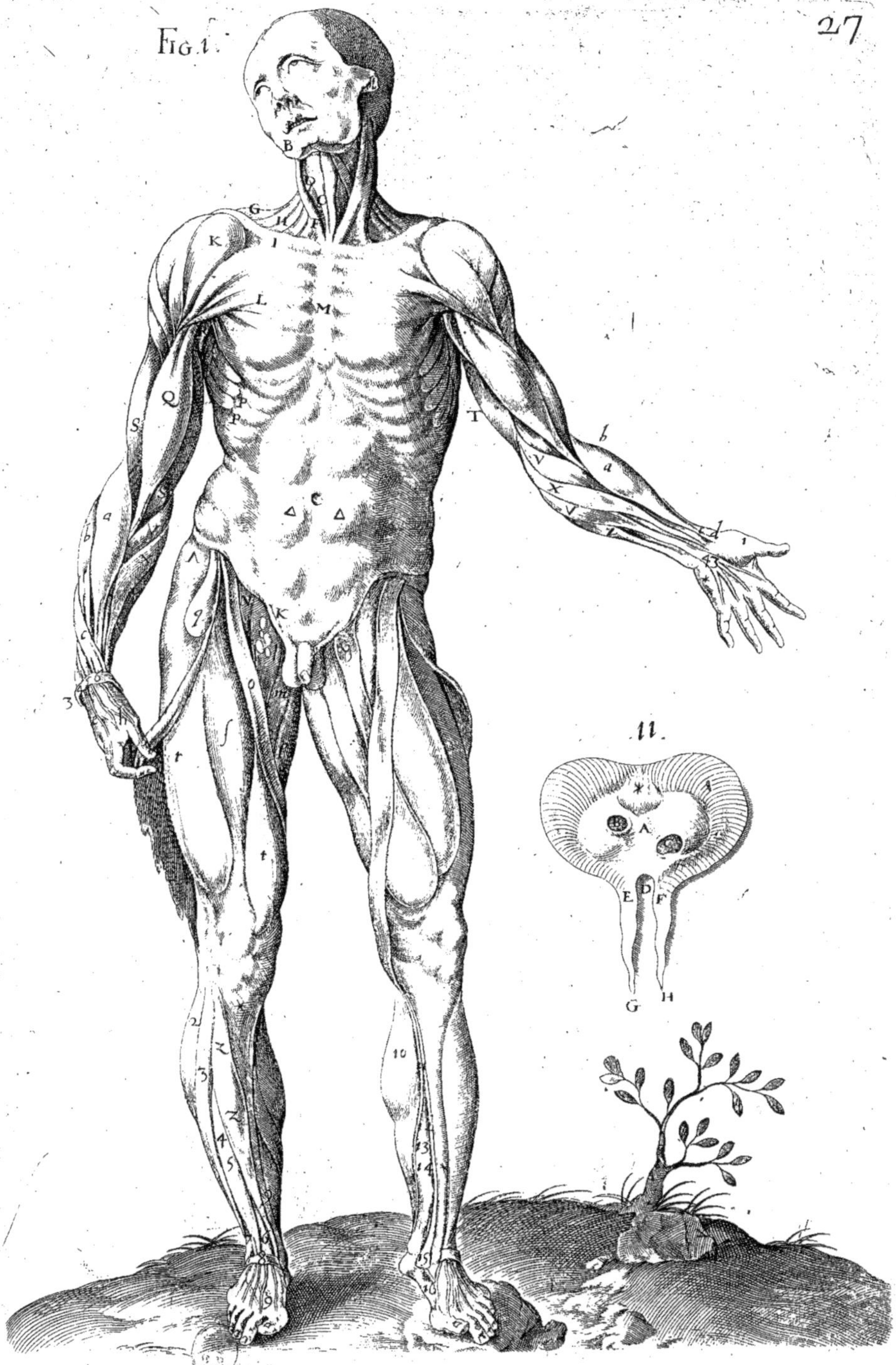
Fig. 1.
II.

DEVXIESME TABLE DES MVSCLES.

1 Le muscle frontal.
2 les deux muscles qui ferme
les paupieres.
4 les muscles qui tirent les
leures en haut.
A le muscle temporal.
B L'os zygoma.
C le muscle massetere.
D le muscle buccinateur.
E muscle de l'os hyoide
F Le muscle sternohyoide
G Le muscle du larynx dit =
bronchique.
H muscle caracoide.
I le muscle mastoide
K la partie superieur du trapeze
L la partie inferieure du trapeze
M le deltoide N. le brachial.
7, + Le muscle biceps.
OP les extenseurs du coulde
Q l'union des 2 muscles exten
seurs. R. Coment ils s'in=
serent en l'olecrane.
SS. le muscle rond du rayon
TT l'extenseur superieur du carpe
V. l'extenseur des doigts.
XY l'extenseur inferieur du
carpe. Z le flechisseur infe
rieur du carpe à le palmaire
bc l'extenseur du poulce.
de le muscle moyen f le muscle
du rayon nommé rond.
g le flechiseur superieur du carpe
g1 le muscle infraspineux
lm le tres large qui abaisse le bras
ooo le grand dentelé.
pp l'oblique decendant de l'epigastre
△ le pectoral. q le cousturier.
r le membraneux.
s le muscle droit de la iambe
t le vaste externe.
u le grand fessier.
x le grand trochanter.
y l'autre fessier * le gresle.
2 le muscle triceps
5 le demi nerveux
6,6 le demi membraneux
7 le biceps de la iambe.
8 le cousturier.
9 le vaste interne.
10 le gemeau externe
12 le gemeau interne
13 l'os de la iambe décharné
14 le muscle solaire
15 le muscle profond.
16 le tendon des gemeaux.
17 le muscle espronnier.
19 l'extenseur des orteils.
20 le ligament du tarse.
21 la malléole interne ou
la cheuille du pied.
22 le lien commun aux
deux os de la iambe.
23 La cheuille ou malléole
externe du pied.
25,26 L'hypotenar.

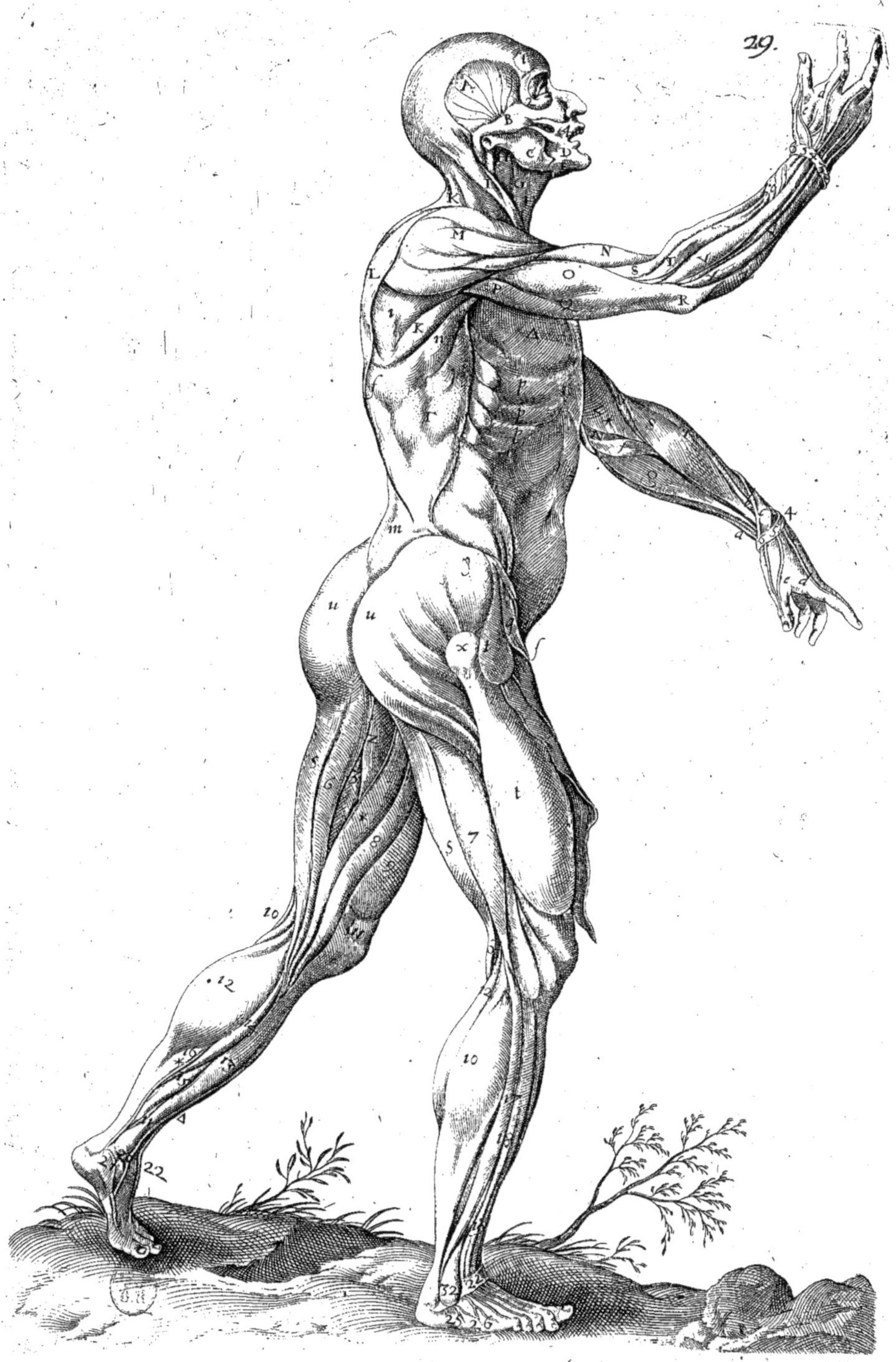
29.

TROISIESME TABLE DES MVSCLES.

Figure I.

A vnpetittrouenlosdufront
B lemuscle temporal.
C Vneportion du zygoma.
D le muscle massetere.
E Vn trou aparent enlamachoire
de bas F lemuscle buccinateur
G la chair spongieuse des leures.
L l'oshyoidedenué de ses muscles
HI le muscle digastrique.
M lesmuscles lateraux de la langue
N le cartilage scutiforme.
O le muscle caché.
Q lapartie anterieure de l'artere
trachée P. le bronchique.
RS le coracoide digastrique.
T lemuscle complexus de la teste.
V lesleuateurs propres de lespaule
X lemuscle salene Y la clavicule
Z ledeltoide a l'acromion
b le coracoide g le sternon plate
cdef les liens du bras et de l'omo.

h La premiere coste du thorax
r lepetit dentelé m grand dentelé
ikl la circonscription du dentelé.
△△ les muscles droits de l'epigastre.
opquu la contiguité et les aponeuroses
de ces muscles.
fx les aponeuroses du muscle trans
versal y le muscle transversal.
3.4.5.6.7.8.9.10.11.12.13. ces muscles
et parties ont déia este decrites.
40 le muscle profond 41 le sublime
12.12. les productions du peritoine
14 l'oblique ascendant de l'epigastre.
17 le grand trochanter.
25 le vaste externe.
29 le muscle iliaque.
21 le lombaire.
22 le triceps.
23.24. le muscle crural.
26 le vaste externe.
27 le droit 28. le gresle.

29 l'espronnier.
30 l'extenseur du poulce
31 l'os de la iambe.
33 l'espronier 34 l'emmeneur
des orteils I. extenseur des orteils

Figure II.

AB les deux ligamens de la verge.
CC le commencement des ligamens
D la teste de la verge.
E le sphincter F les prostates.
G le corps de la vessie.
HH Vne portion des vaisseaux eiacu
latoires. II. les vrteres qui finis
sent en la vessie Figure III.
1.2 les neux nerfs caves 3 les vaisseau
de la verge, 4 la teste de la verge
decharnée. 5 le conduit com
mun de la semence et vrine
6.7. la substance spongieuse et noi
rastre du corps de la verge
8 l'union des ligamens de la verge

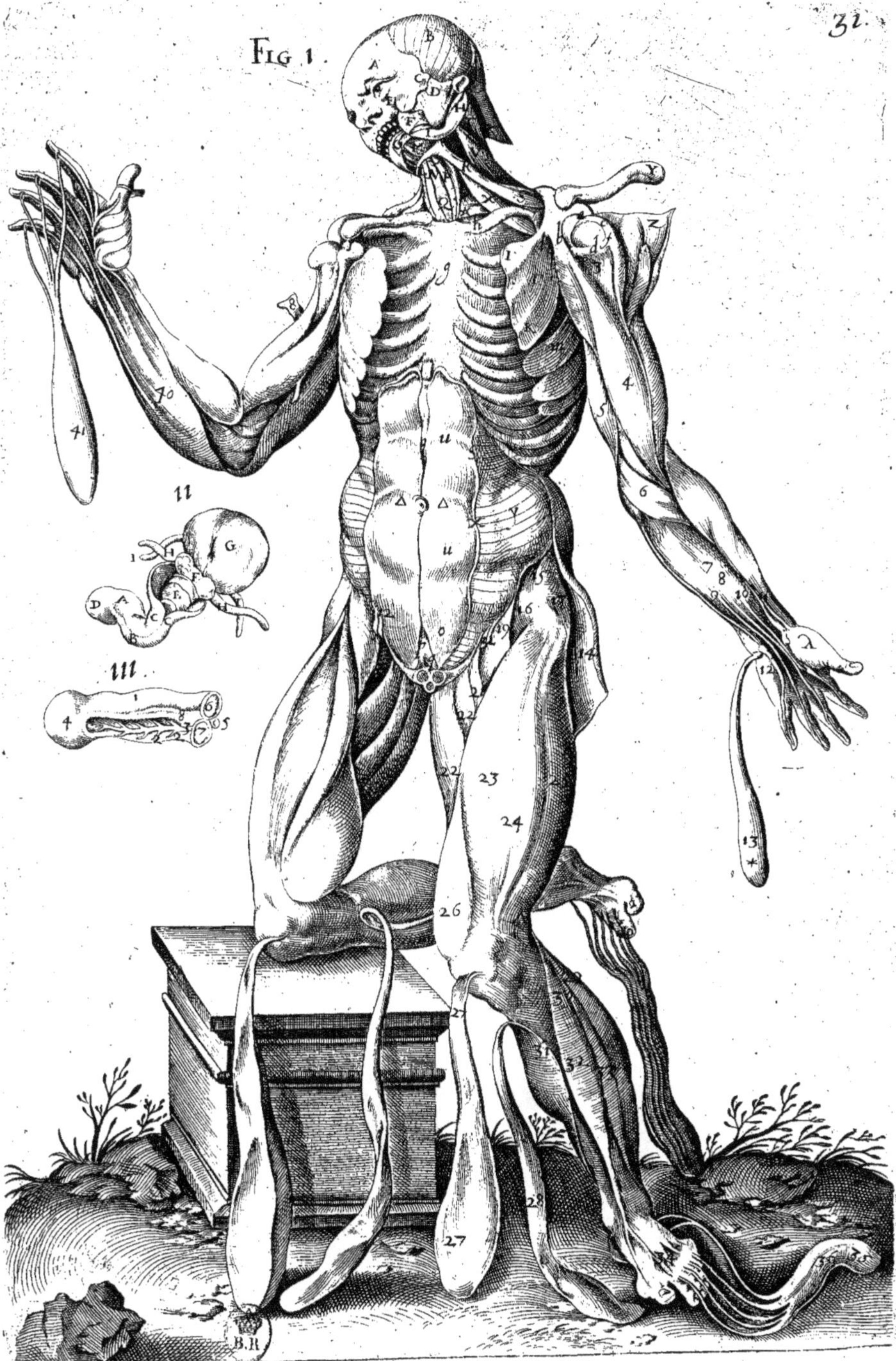
FIG 1
II
III

QVATRIESME TABLE DES MVSCLES.

A le muscle temporal.
B le zygoma C. le muscle massetere
D le muscle mastoïde L le deltoïde
EFGHIK le trapeze
L le deltoïde M. le grand ron
N la baisseur du bras O. le tres large
P Vne portion de l'oblique descendant
Q Vne portion du biceps
R Vne portion du brachial
S le cour estendeur du coulde
T le long estendeur du coulde
V les extenseurs du coulde
X Vne portion du rond supinateur
Y l'extenseur superieur du carpe
a. l'extenseur des doigts
b division d'iceluy en plusieurs tendons
e les extenseurs du poulce
g le muscle moyen h. ses tendons
6 le grand fessier O. le petit fessier

iklm. son origine et insertion.
p le principe charneux du muscle membraneux q la membrane de ce muscle apellée bande large
r Vne portion du vaste externe.
ſ le biceps de la iambe.
tt le demi nerveux.
V le demi membraneux.
X vne portion du triceps.
y le gresle. 7 le droit. 8 le cousturier.
9 le crural. 10. le iaret.
11.12.13. les deux gemeaux.
14.15. l'esperonnier. 16 la cheuille externe. 17 l'hypotenar.
18 la cheville interne. 19 les tendons des muscles qui flechisent le tarse.

Figure II.

H la teste de l'os du bras.
ii le quatriéme nerf.
K le commencement du muscle court
L commencement du muscle long
M le lieu du quatriéme nerf.
N la fin des muscles extenseurs du coulde
O l'olecrane P division du nerf prés l'olecrane Q une portion du brachial
R Vne portion du long.
S l'extenseur superieur du carpe.
T l'extenseur inferieur du carpe.
V le flechisseur inferieur du carpe
X.Y. l'extenseur des doigts.
Z le fléchisseur superieur du carpe.
& l'extenseur du poulce.

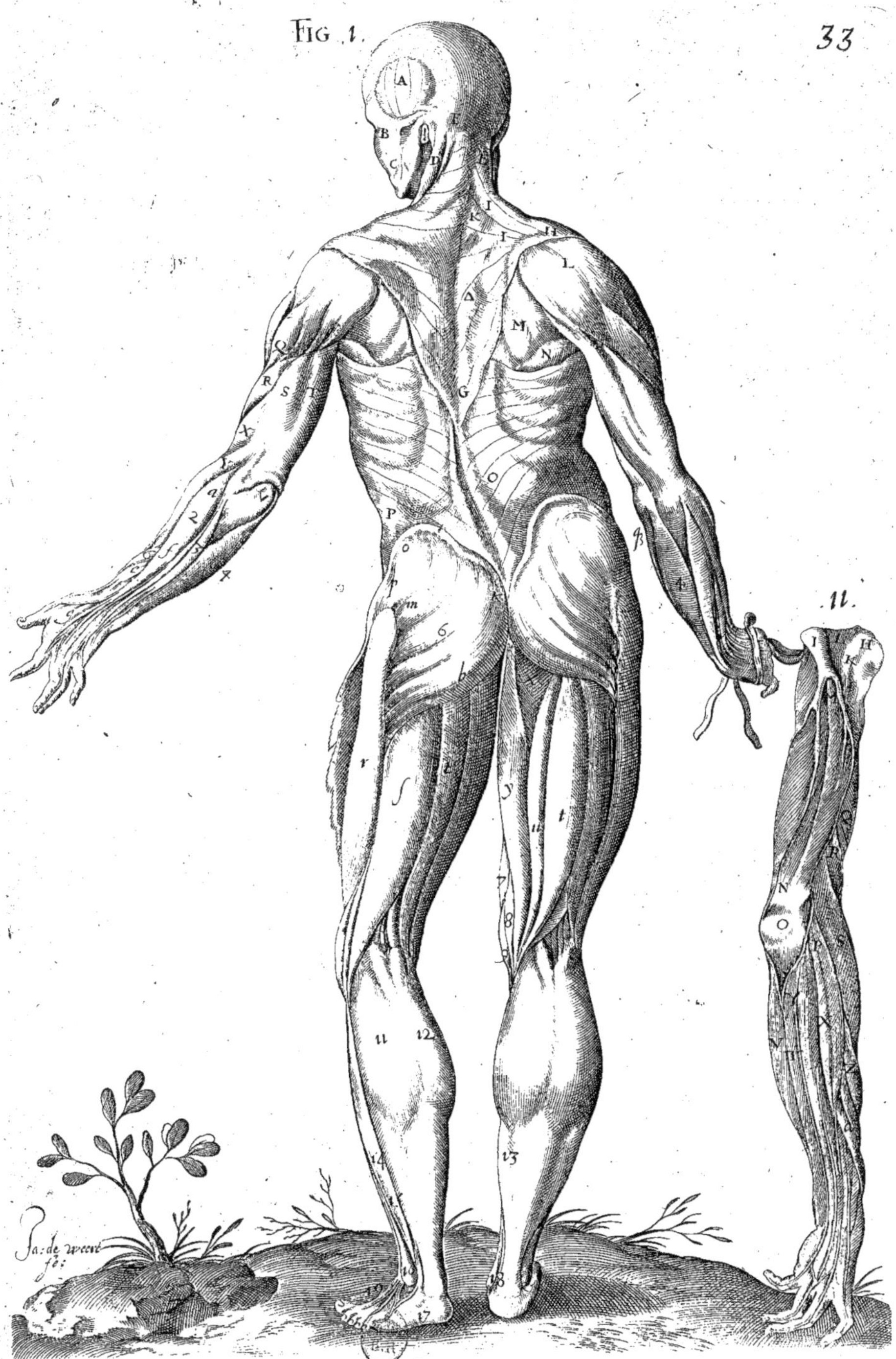
FIG 1.
II.
Ja: de weert
fe:

TABLE CINQUIESME DES MVSCLES.

A le muscle splenitique.
BB les 2 mûcles nommez complexi.
C les releveurs de l'omoplate
D la clavicule. F le romboïde.
E le dentelé posterieur superieur.
GHIK son origine et insertion.
L le petit rond. ★ le deltoïde.
M l'espine de l'omoplate.
NOP son origine et insertion.
Q l'infraspineux ou sous espineux.
R l'abaisseur du bras.
24 le tres large, STV son origine et la conexion qu'il a avec la base de l'omoplate.
X la connexion qu'il a avec l'os ilion.
Z vne portion de l'oblique descendant de l'epigastre a le long extenseur du coulde b le court, c d portion du biceps

e le muscleron du rayon
f l'extenseur superieur du carpe
g le ligament du coulde
h h l'os du coulde, i le flechisseur du boulde inferieur
k l le muscle court du rayon
m n le tendon du muscle lateral du poulce. le tendon du mûcle long
6 l'emmeneur superieur des doigts index et medius
q l'extenseur inferieur du carpe
r s l'extenseur des doigts separe en plusieurs 7. 8. muscle fessier moyen. 6. o les ligamens de l'os sacrum
10 le muscle gemeau
11 le grand trochanter
12 l'obturateur interne, 13 le nerf de la cuisse qui est le plus gros de touts

14. 15. le muscle semi nervéux
16 le vaste externe 18 le biceps
17. 17 en l'autre cuisse se void le grand muscle fessier. 19 division du gros nerf 20 le muscle gresle
21 vne portion du triceps

Figure II.

1 l'apophyse mastoïde
2 4. les quatre petits muscles obliques
3. 3. les deux muscles droits

Figure III

1 l'espine de la seconde vertebre du col
2 l'apophyse transverse de la premiere vertebre du col
3 l'apophyse mastoïde
4. 5 les deux petits muscles droits

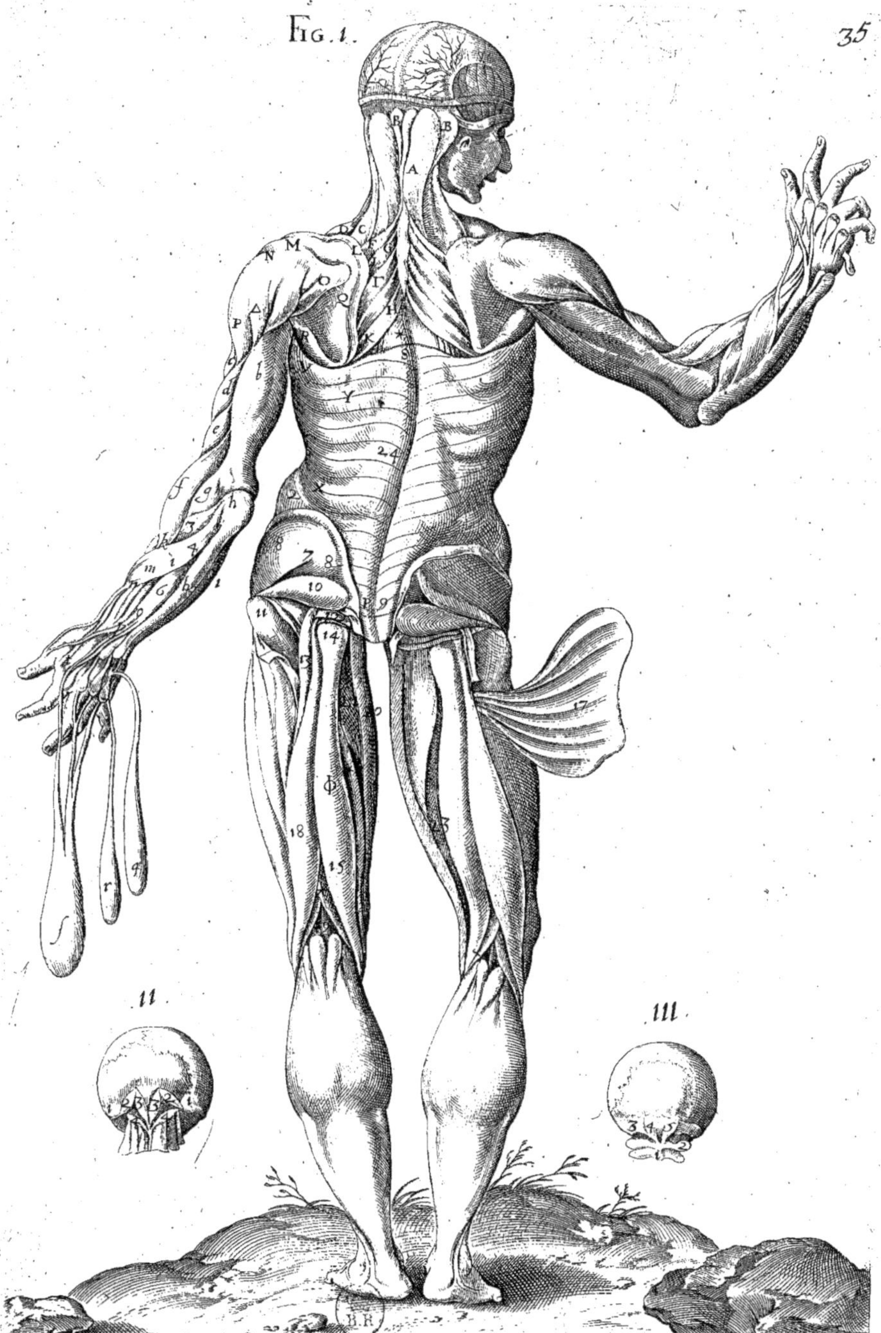
FIG. 1.
II.
III.

LA SIXIESME TABLE DES MVSCLES

Figure I.

AA le muscle splenitique gauche
BB le muscle nommé Complexus
C le releueur de l'Omoplate
D la clayicule E le M. coracohyoide
F le dentelé posterieur superieur
G le grand rond du bras
HK l'origine et insertion de l'infraspineux
L le petit rond MNOP l'origine et insertion du deltoide
Q le sacrolombe R le demy espineux
ST le sacre Les costes V les intercostaux externes C le tres large
X Vne portion du grand dentelé.
Δ le dentelé posterieur inferieur.
ab l'oblique décendant et son insertion
deghilmnopqtu ce sont les muscles de la main deia expliquez
1.2.3.4.5.6.7.8.9.10.11.12.13.14.15. ce sont les muscles de la cuisse, de la iambe et du pied decrits en la precedente table.

Figure II.

A l'origine du deltoide.
B la portion qui couure l'omoplate.
C l'origine du deltoide de l'espine de l'omoplate, D. son insertion.

Figure III.

A l'os sacum, B le lieu de l'articulation de l'ischion, C. le ligament attachant l'os sacrum a l'ischion.
D la partie dextre de l'os du penil.
E le lieu du quatrieme nerf.
FGH l'obtuteur interne I. l'iliaque.
K le lombaire ou psats.
LM le cousturier * le gresle.
P le droit Q le vaste interne.
R le demi nerveux, ST le triceps.
V le demi membraneux.
abcdefg les gemeaux, le Solaire, le iambier, et les flechisseurs des doigts

Figure IIII.

A l'os de la cuisse, B la teste de l'os de la cuisse.
CD ses deux condyles.
E l'os de la iambe, FGHIK les parties dudit os descrites ausquelle[te]
LM le muscle Solaire.
N le tendon des gemeaux.
O le tendon attachant l'os de la cuisse à l'ischion, PP les ligamens qui enuironnent cette articulation
QR les ligamens du grand et petit trochanter. S. le ligament commun de l'articulation du genouil
T le ligament propre.
XYZ les ligamens de l'os de la iambe.
a le ligament attachant l'os de la iambe au peroné.
bc le ligament annulaire.
de les ligamens attachans l'os de la iambe avec le calcaneum
fg les ligamens attachans l'os de la iambe avec l'astragal.

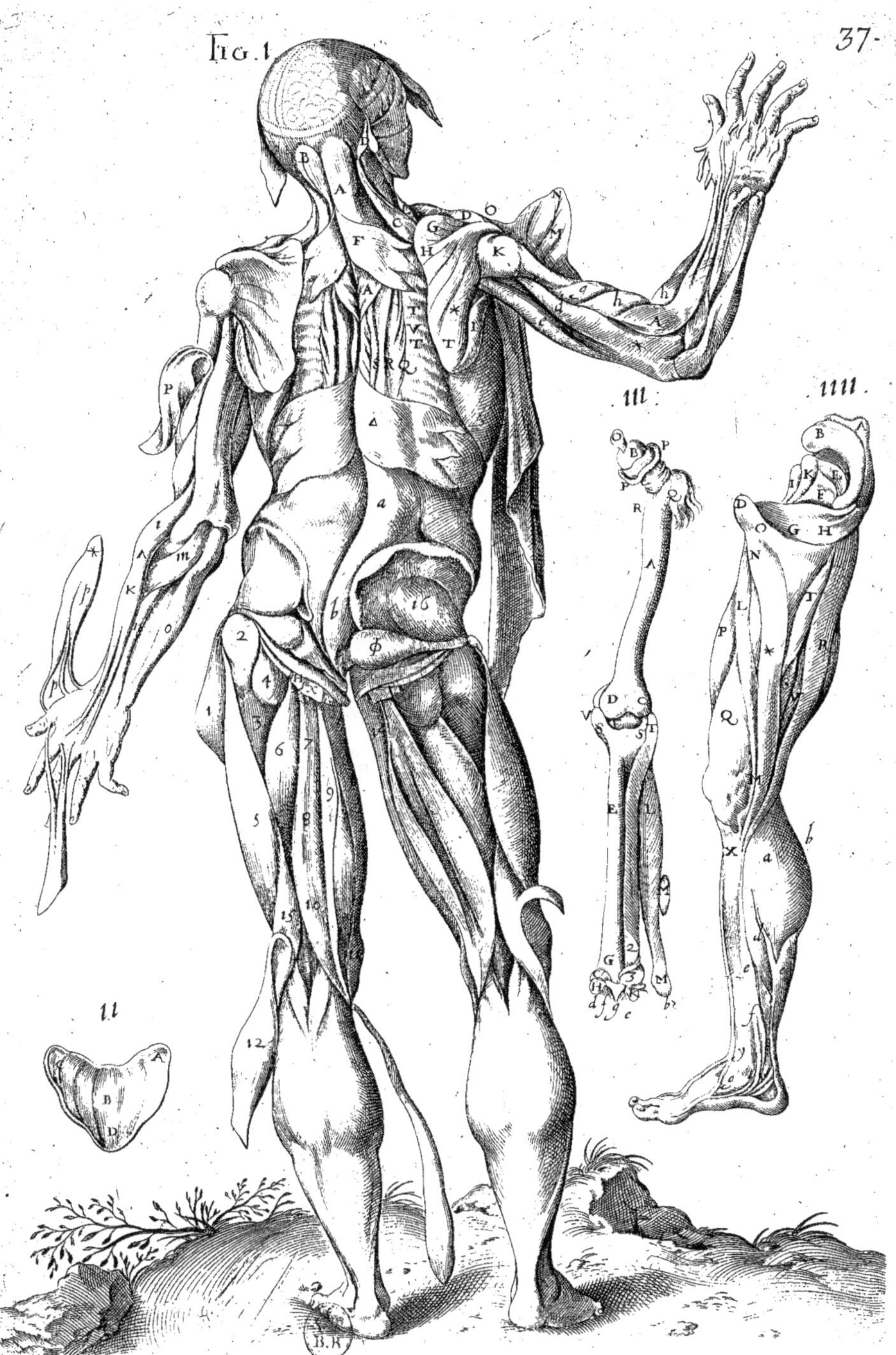
FIG. I
II
III
IIII

TABLE DES PARTIES QVI SERVENT A LA NVTRITION

Figure I.

AAAA lepéritoinecoupéentroisparties.
B. leprincipal ligamen du foye.
CD la partie gibbeuse du foye.
EE l'anteriure partie du ventricule découverte
FG lesveines arteres etnerfs quivont à l'inferieure partie duventricule.
H laligne qu'on dit estre le commencement de l'epiploon.
IIII L'epiploon, omentum, coeffe.
K La veine ombicale.
L Le nombril separé du peritoine.
MM Rameaux seinés dans l'epiploon
NO Les deux arteres ombicales
P L'ourachos, Q le fond de la vesie
R La connexion du peritoine de la vessie.

Figure II.

A... La fente du foye où se cache la veine ombicale.
BB vne portion du peritoine.
C Le fond de la vesicule du fiel
D La partie ou va la veine ombilicale.
E Vne portion de la partie gibeuse du foye F le nerf du foye.
G La partie cave du foye.
H Sinuosité qui fait place à la sophage.
I Lien attachant le foye au diaphragme
KK L'estomach ou ventricule.
LM son orifice inferieur et superieur.
N Situation du rein gauche.
O Le tronc de la veine porte.
P Le pancreas Q l'artere du foye.
R Le boyau duodenum
STV le mesentere YY les vrteres.
Z Les veines et arteres spermatiques.
X Les vaisseaux eiaculatoires.

Figure III.

AAA Premiere tunique du ventricule nommée commune.
B Premiere menbrane propre du ventricule. C deuxiéme menbrane propre

Figure IIII.

AA. Parti superieure de l'oesophage.
BB La sophage cede à la grande artere
CD la portion qui perce le diaphragme.
EE. les deux glandules amigdales.
FF vn certain corps glanduleux.
GG l'orifice superieur du ventricule.
HH l'orifice inferieur.
I la partie superieur du ventricule.
MNO la partie posterieure du ventricule
LL la partie anterieure du ventricule.
KK le fond du ventricule.
P le boyau duodenum.
Q le conduit de la vessie du fiel.
R le duodenum coupé.
S le pancreas tenant au boyau.
TV les nerfs stomachiques.
Y le rameau gauche du nerf stomachique
1 La veine et artere gastrique.
2 la petite gastrique.
3 La gastrepiploique.
4 5. la coronaire stomachique.
6 7. les branches qui viennent de la splenitique.

Figure V.

A
AA le dessus de la partie gibeuse du foye. BB. le dessous.
C l'endroit où la veine caue passe à trauers du diaphragme.
DE le tronc de la veine caue.
FG les ligamens du foye.
H la veine porte.
I la cavité qui reçoit l'orifice du ventricule.

Figure VI.

A La partie gauche de la ratte.
BB portion de l'epiploon qui appuye les veines de la ratte.
CC autre partie de l'epiploon.
D la partie superieure de la ratte.
E la partie inferieure.
FG les parties dextre et senestre.
H la ligne qui se voit en la ratte.
IK la partie caue de la ratte.
LL la partie gibbeuse.

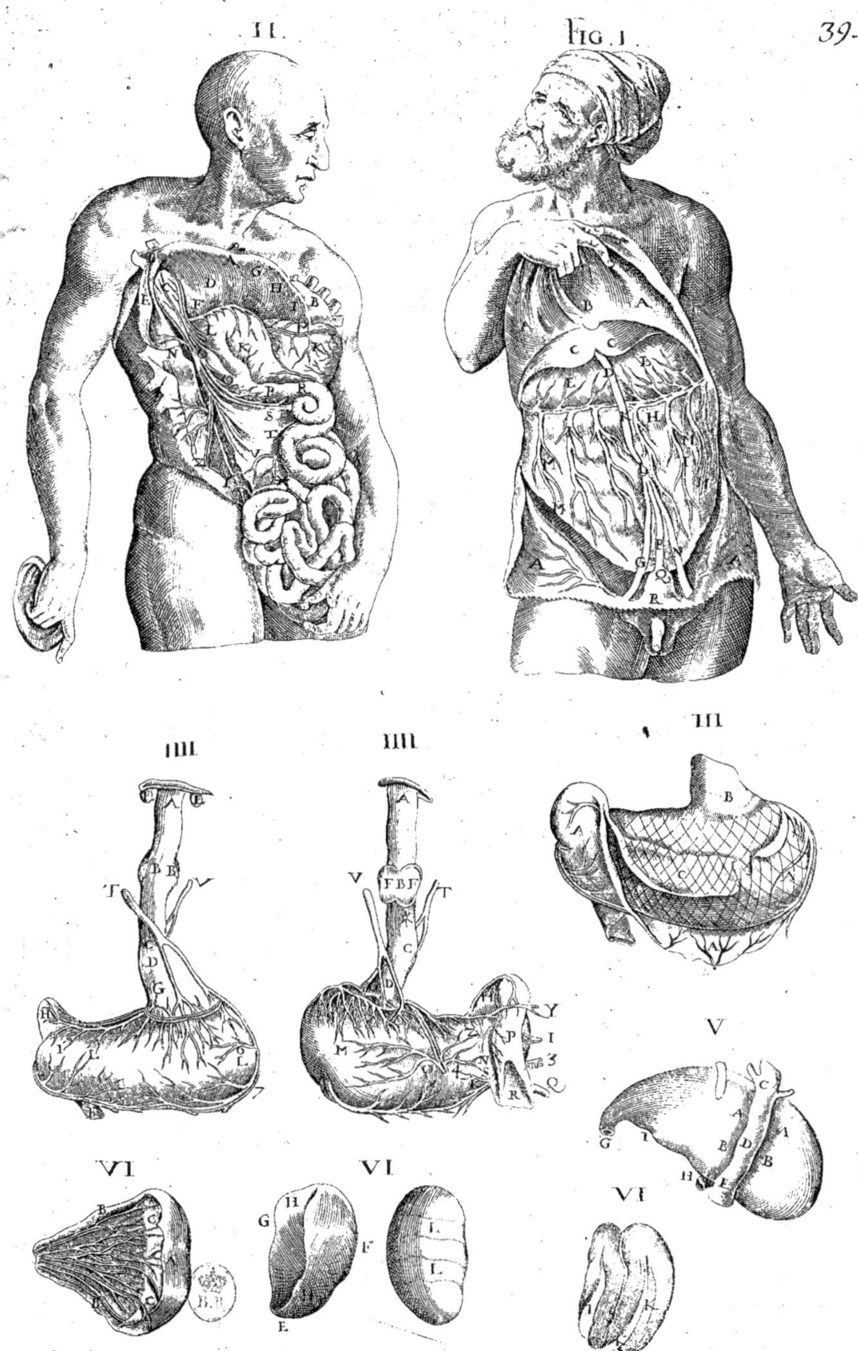
II.
FIG. I
IIII
IIII
III
V
VI
VI
VI

TABLE DEVXIEME DES PARTIES QVI SERVENT A LA NVTRITION.

Figure I.

AA Vne portion du peritoine.
B Le principal ligament du foye.
CC La partie gibbeuze du foye.
DD La partie cave.
E Le ligament dextre.
F La veine porte.
G Le tronc de la veine caue.
H Le tronc de la grosse artere.
I La veine adipeuse
K Les rameaux de la grosse artere
M les veines et arters émulgentes
NO les veines et arteres spermatiques.
PP la membrane du roignon.
QQ Les rognons.
RS TT la veine spermatique gauche et la connexion des veines avec les arterer,..
VV les arteres spermatiques.
XX les vaisseaux eiaculatoire
YY Les vrterers
1 La vessie de l'vrine
2 Les prostates situez au col de la vessie.
3 Le muscle splricter.
4 La veine honteuse
55 Les ligamens caus et de la verge.
6.7 Les deux tuniques des testicules.
9 Comment les vaisseaux éiaculatoires sortent.
10 Les pardstates tenant aux testicules

Figure II.

ABCDEF G. toutes ces lettres monstrent les parties du foye les rameaux de la veine porte et semblables qui ont esté cy devant descrites.
4 Comment la veine caue cede à la grosse artere.
5 L'artere lumbaire et la musculé
6 Fin du boyau rectum coupé.
7 Les vaisseaux éiaculatoires
8 La vessie.
10 La production du peritoine
11 La membrane courant la verge, 12 La membrane nommée érythroide
13 Le scrotum ou bource.

Figure III.

AA le tronc decendant de la grosse artere, BB le tronc décendant de la veine caue.
CD Les veines et arteres émulgentes.
EF Les deux roignons
GGG Les vrteres
HH Les veines spermatique dextre naissante du tronc
II La veine spermatique gauche
K L'origine des arteres emulgentes
M La vessie decoupée
NN L'incertion des vrteres
O Le conduit commun à la semence et a l'vrine
Q le muscle sphincter
R Les vaisseaux spermatique preparans
S Les vaisseaux éiaculatoire
T L'insertion des vaiseaux preparans
VXY la teste du testicule
1,1 Le membre viril
2 Le conduit commun les deux nerfs cauerneux

Figure IIII.

AB la partie dextre du testicule
CC Les veines et arteres spermatiques couppées
D Comment elles s'unissent
EE d'où naissent les vasses éiaculatoires
FG La teste de testicule
HI la teste du testicule separée
LM le testicule separé de l'epididyme
N L'union des veines et arteres
O Les vaisseaux des testicules
P Le testicule couuert de ses membranes
QR le testicule descouuert separé de sa membrane
TV le corps du testicule coupé

Figure V.

1,1 La membrane du rein qui est dans la cauité interne
2 le trou par lequel l'vrine coule dans l'vritere
333 les extremitez des veines qui se terminent dans la chair des reins
4 La partie de derriere
5 La partie de devant
6 L'vretere

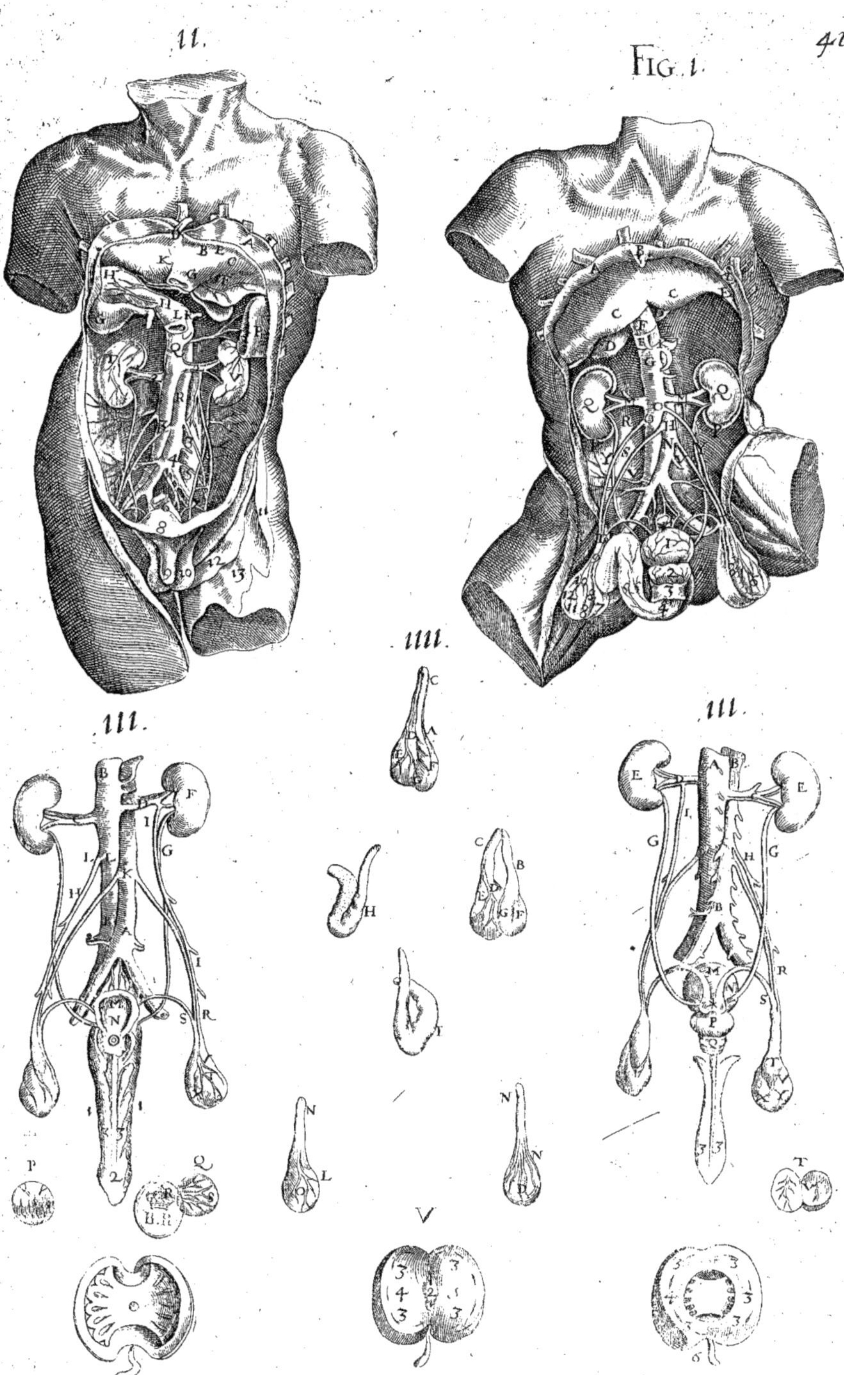
II.
FIG. I.
IIII.
III.
III.
V

TABLE TROISIESME DES PARTIES DU VENTRE INFERIEUR

42

Figure I.

ABCD. La partie interne du peritoine.
EE. Une portion du mesentere.
FG. la membrane du mesentere.
HI. Une portion du mesentere qui attache le boyau colon.
K. Le boyau rectum ou droit.
L. Le fond de la matrice.
MN. les testicules des femmes.
OO. Membranes du peritoine qui attachent la matrice.
P. Fibres charneux qui font le muscle de la matrice.
RS. la partie de devant du col de la mary. T. la vessie couchée sur la matrice.
V. Le nombril separé du peritoine.
X. Une portion de la veine ombilicale.
Y. Lvrachos.
Z. Les arteres ombilicales.

Figure II.

AB. les veines mammaires externes.
C. Le corps des mammelles.
DD. Les glandes des mammelles.
EFGH. Le peritoine.
IK. les veines mammaires internes.
L. La partie gibbeuse du foye.
MN. La partie cave.
O. Le tronc de la veine porte.
P. La veine caue descendante.
Q. La grande artere descendante.
R. Arteres qui se fourchent dans le ventre inferieur.
ST. Les veines adipeuses.
VV. Les veines et arteres emulgentes.
YZ. Les reins.
aa. L'vretere coupé.
bc. L'uretere dextre.
de. Les veines spermatiques.
fg. Les arteres spermatiques.
ik. Le corps de la matrice.
l. L'orifice interne de la matrice.
op. Connexion des veines et arterres spermatiques.
q. Vaisseaux attachant le testicule au peritoine.
rrr. Les testicules.
ff. Commencement du vaiseau éjaculatoire.
XX. Le col de la matrice.
y. Les veines et arteres hypogastriques.
4. Les vreteres entrans dans dans la vessie.

6. Les labies de la matrice.
8. Branchetes de la veine epigastrique.
9. Le sphincter de la vessie.
7. Le col de la vessie tenant au col de la matrice.

Figure III.

AABB. la cavité de la matrice.
CD. La ligne qui separe la cavité de la matrice.
EEE. L'espaisseur du fonds de la matrice.
FF. Le fonds de la matrice.
GG. L'orifice interne de la matrice.
HH. Membrane de la matrice qui vient du peritoine.
II. Membranes qui attachent la matrice.
L. Portion du col de la vessie qui finit dans le col de la matrice.
M. le col de la matrice.

Figure IIII.

A. La partie de devant du fond de la matrice.
B. Le col de la matrice.
CD. La partie interne de la matrice qui ressemble quasi au gland de la verge de l'home.
EE. Membranes qui attachent la matrice.
F. Le testicule gauche.
G. Les veines et arteres spermatiques.
H. La matrice.
K. Les vaisseaux éjaculatoires.
L. La capacite de la vessie.
M. Les deux trous.
N. Les deux vretaires.

Figure V.

Cette figure represente la matrice, de laquelle on trouuera vne explication plus exacte dans l'vne des planches prochaines.

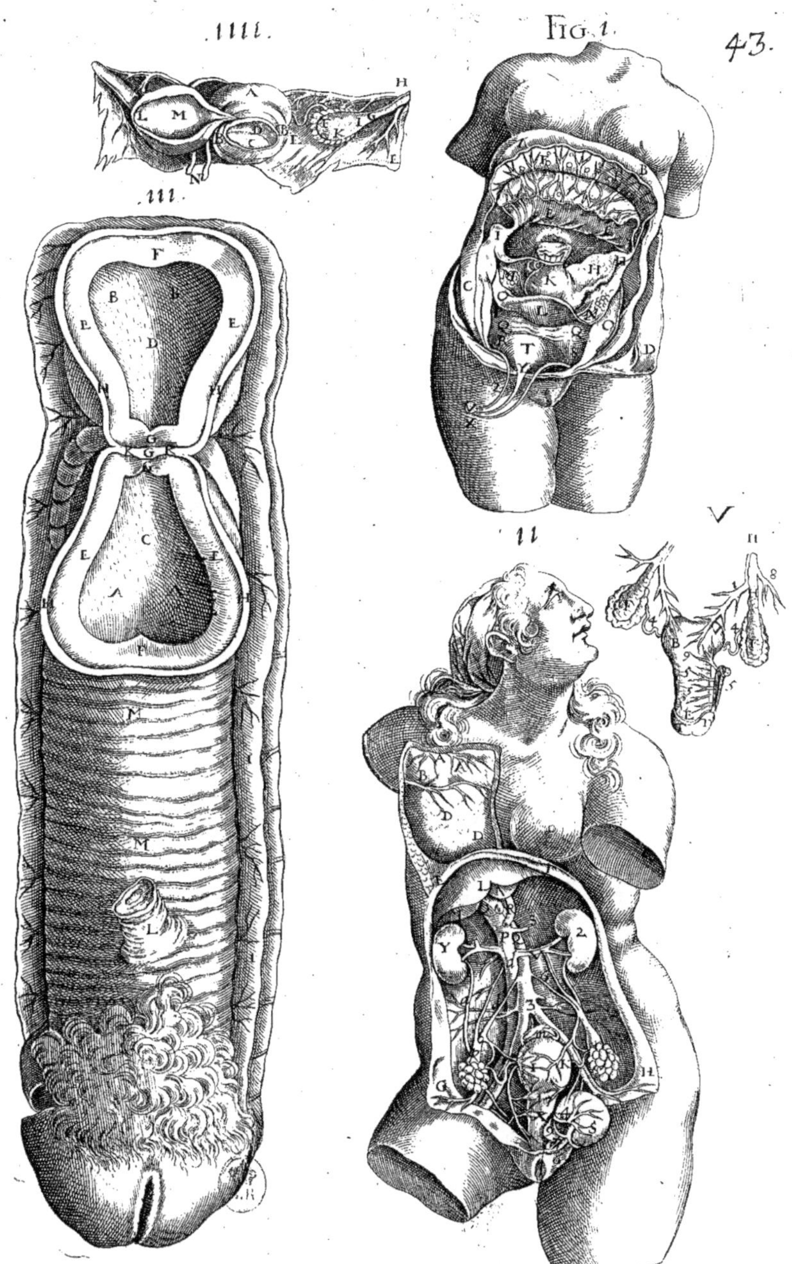
.IIII.
FIG.1.
.III.
II
V

LA MATRICE DE LA FEMME ENCEINTE ET LA SITUATION

44.

De l'enfançon en son ventre

Figure I.

AB C Le peritoine coupé en quatre parties.

EE Vne portion du foye aparente.

FF Le ventricule.

GH La reflexion du boyau colon.

IK Les membranes ou liens par lesquels la matrice est attachée

L La partie de devant la matrice grosse en laquelle est contenu l'enfant laquelle monte iusques au nonbril.

OO Membranes naissantes du peritoine qui envelope toute la matrice.

Q Commencement du fond de la matrice.

R Le siege et place de la vessie.

TT Les arteres ombicales qui viennent des iliaques.

SV L'vrachos, et le nombril.

X La veine ombilicale.

Figure II.

AB CD le corps de la matrice, et sa partie posterieure decoupée en quatre parties.

EE L'inferieure partie de la matrice en laquelle paroissent les orifices des veines, G le col de la matrice

H la veine honteuse.

Figure III.

III L'arriere faix hors de la matrice

KK la membrane dite chorion qui envelope l'enfant de toutes parts dans la quelle paroissent des miliacés de veines et arteres.

Figure IIII.

LMNO. La membrane dite amnios qui envelope le fetus laquelle est le receptacle de l'vrine et de la sueur car quant a l'allantoïde decite par les anatomistes nous ne la receuons point au fœtus humain

★ Les vaisseaux qui font le nombril.

Figure V.

PQ La premiere membrane qui envelope le fœtus.

R vne portion du foye vterin ou chair de gasteau.

SSS les veines internes et externes.

T Comment tous les vaisseaux s'vnissent au nombril.

VY La partie externe de la membrane amnios.

XX La partie interne de la mesme membrane.

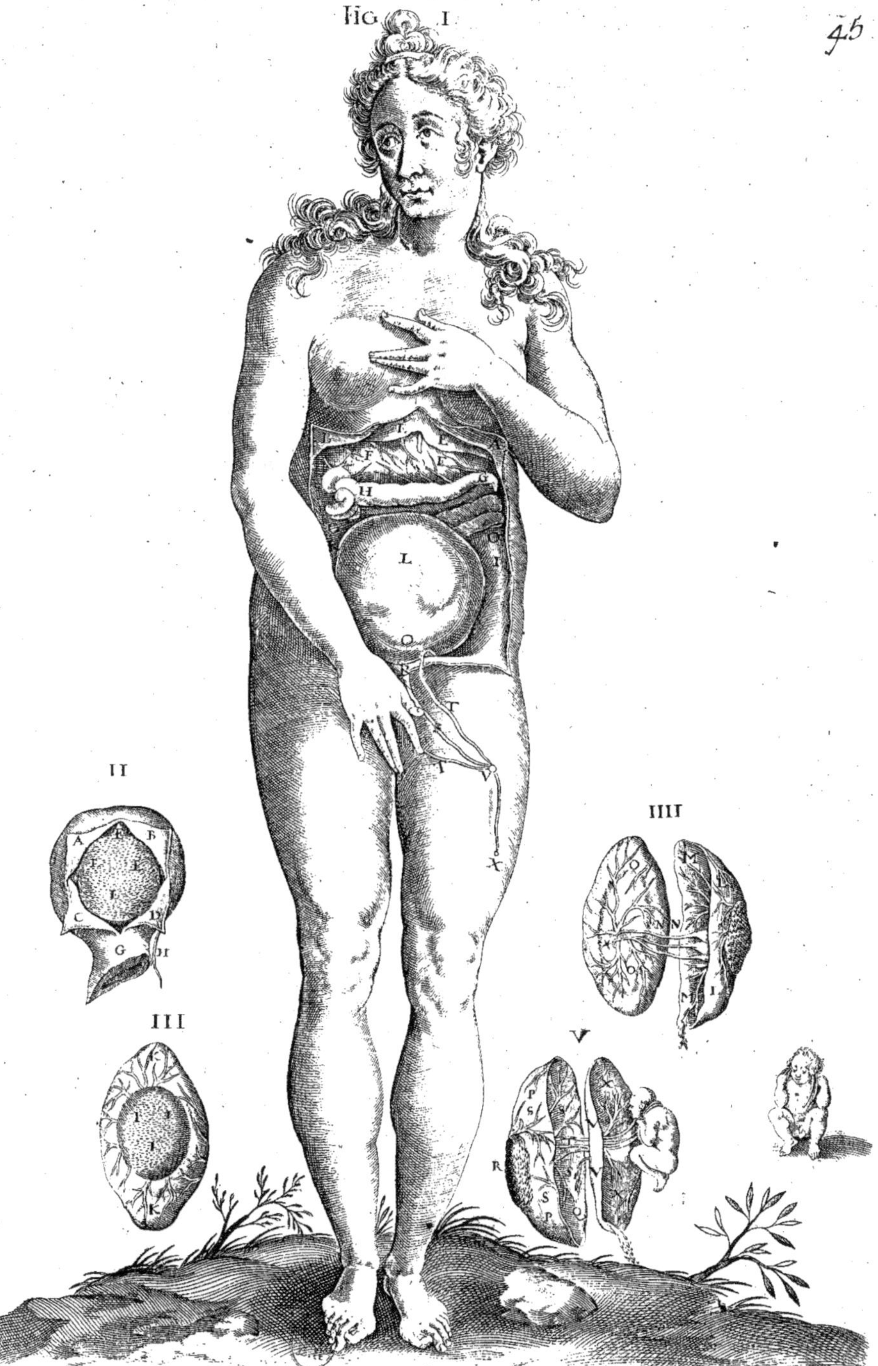
FIG I
II
III
IIII
V

LES VAISSEAVX SPERMATIQVES DES FEMMES.

46

Figure I.

AAAA. La chair de gasteau ou foye vterin dit les arriere fais.

Figure II.

BBB La membrane nomée chorion qui apuye tous les vaiseaux du fœtus.

CCC Les rameaux des veines et ateres ombilicales respandus partout le chorion.

D D Les vaisseaux du nombril qui s'assemblent en vn.

EEE La membrane dite amnios qui est le receptacle de l'vrine et de la sueur.

Figure III.

FF Le fœtus de quatorze iours, auquel tous les membres paroissent formée

G G Les quatre vaisseaux du nombril s'assenblans en vn.

HH Comment les vaiseaux du nombril se grosissent peu à peu et c'est ce qui a fait que quelques vns ont douté s'ils naissoient de la matrice ou non.

III Comment les veines et arteres ombilicales se ramifient par vne infinité de scions dans le chorion

kkkk La membrane amnios dans laquelle se recueillent les vrines et les sueur dans lesquelles le fœtus nage et est assis comme dans vn bain sens en receuoir aucun domage.

Figure IIII.

Les vaiseaux eiaculatoires de la matrice.

LL le corps de la matrice.

M Le col de la matrice.

N Le col de la vessie finisant dans le col de la matrice.

O O Les testicules des femmes.

P P Les vases spermatiques preparans.

QQ Les vaisseaux éiaculatoires.

RR comment ces vaiseaux se divisent en deux rameaux desquels l'vn va aux costez de la matrice.

SS conduit qui est porté au col de la matrice et n'entre point dans son fonds, par lequel les femmes enceintes éiaculent leur semence.

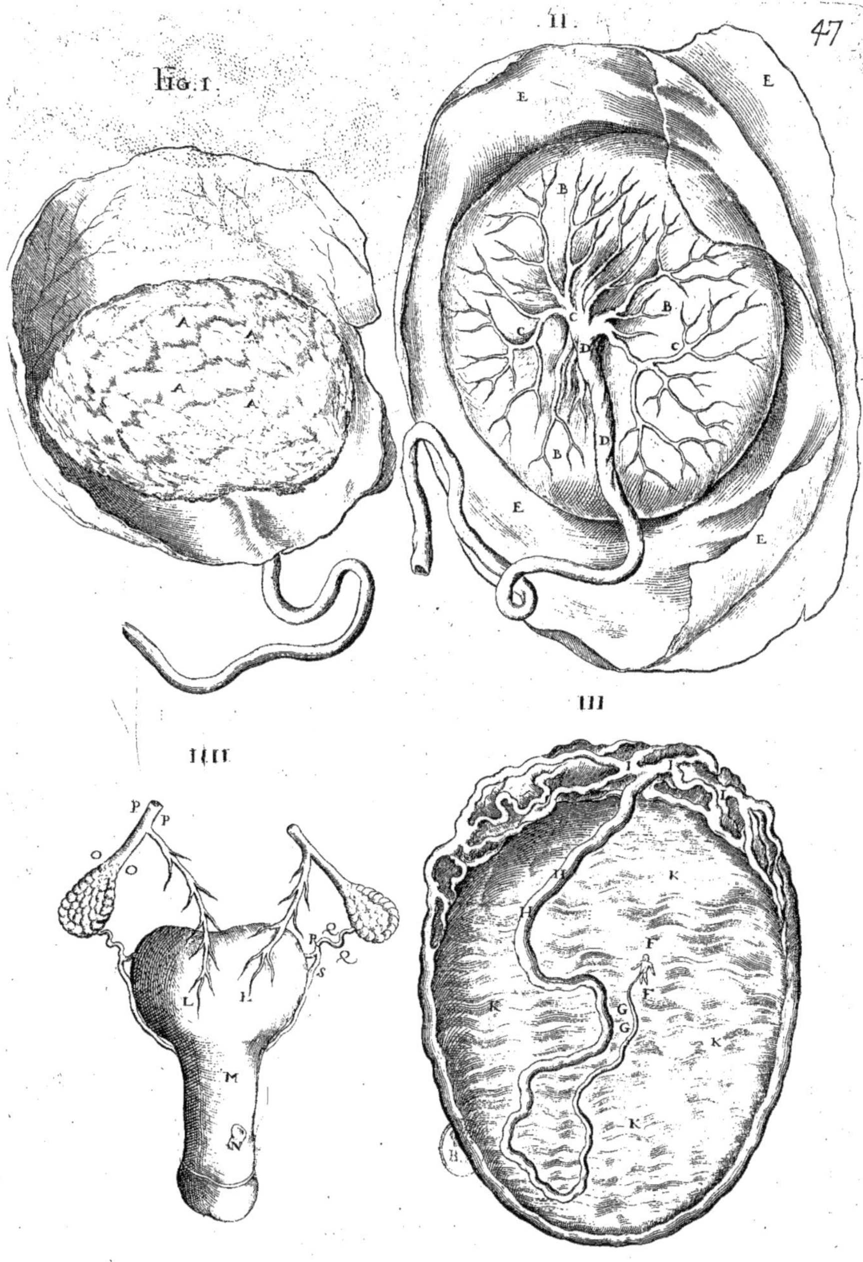
FIG. I
A
A
A
A
II
B
B
B
C
C
C
D
D
E
E
E
E
III
I
I
I
H
H
H
K
K
K
K
F
F
G
G
IIII
P
P
O
O
L
L
M
N
R
Q
Q
S

LES ORGANES VITAUX CONTENUS AU VENTRE MOYEN OU POICTRINE.

Figure I.

AA La fin des cartilages des costes.
BB Le muscles intercartilagineux.
CC Les costes separées des cartilages.
DE Les clavicules découvertes.
F Les vaisseaux axillaires.
G La iugulaire externe.
HH Le mediastin.
II La superficie du diaphragme.
K Comment le mediastin est ataché au diaphragme.
L La pointe du coeur.
MNOPQ La veine qui se respand au costé gauche.
RSTV La partie du poulmon qui emplit le costé gauche du thorax.

Figure II.

AAA La partie interne du sternon.
BB Les veines mammaires.
DE Les arteres mammaires.
F Le thymus ou phagoué.
G portion du mediastin qui decline vers le costé gauche.
HI Celle qui decline vers le droit.
KLL la cavité qui est entre les deux tuniques du mediastin.
MM La situation de la base du cœur.
NOPQ le poulmon gauche et droit.
RTV La peau de la poictrine.
* SS Une portion du diaphragme separé du xyphoïde.

Figure III.

A La veine cave et grosse artere.
B L'origine du pericarde.
CDE La base du coeur.
F La pointe du cœur.
G par cet endroit le pericarde est adherent au diaphragme.
H Une portion du diaphragme.
II Les nerfs du diaphragme.
MNO Les lobes des poulmons.

La **Figure IIII.** represente le pericarde et le cœur tout decouvert et tous ses vaissaux.

la **Figure V.** represente les poulmons et la partie droite du cœur.

A La partie dextre du cœur.
B L'oreillette dextre.
C Comment la veine cave s'ouvre dan le cœur.
DE la veine cave perçant le diaphragme.
F La veine caue ascendante.
H Le tronc de la grosse artere.
K Le nerf de la sixieme couple.
LMNO Les lobes des poulmons.
P Les vaiseaux des poulmons.

Figure VI.

ABC La partie gauche du cœur.
DEE Les vaiseaux qui nourisent le coeur.
F L'oreillette senestre.
GH L'artere veineuse et ses rameaux.
I Le commencement de la veine arterieuse.
LL Le poulmon gauche.
M L'oreillette dextre.
NN La veine cave.
O La grosse artere.

Les autres caracteres ont desia esté expliqués.

Les **Figures VII. VIII. IX. X. XI.** Representent les vaisseaux du cœur et les valuules tant demi circulaires que triangulaires.

Les **Figures XII. XIII.** representent les poulmons.

A Une portion de l'œsophage.
B Une portion de l'artere trachée.
C La veine arterieuse.
D L'artere veineuse.
EFGH. Les quatre lobes du poulmon

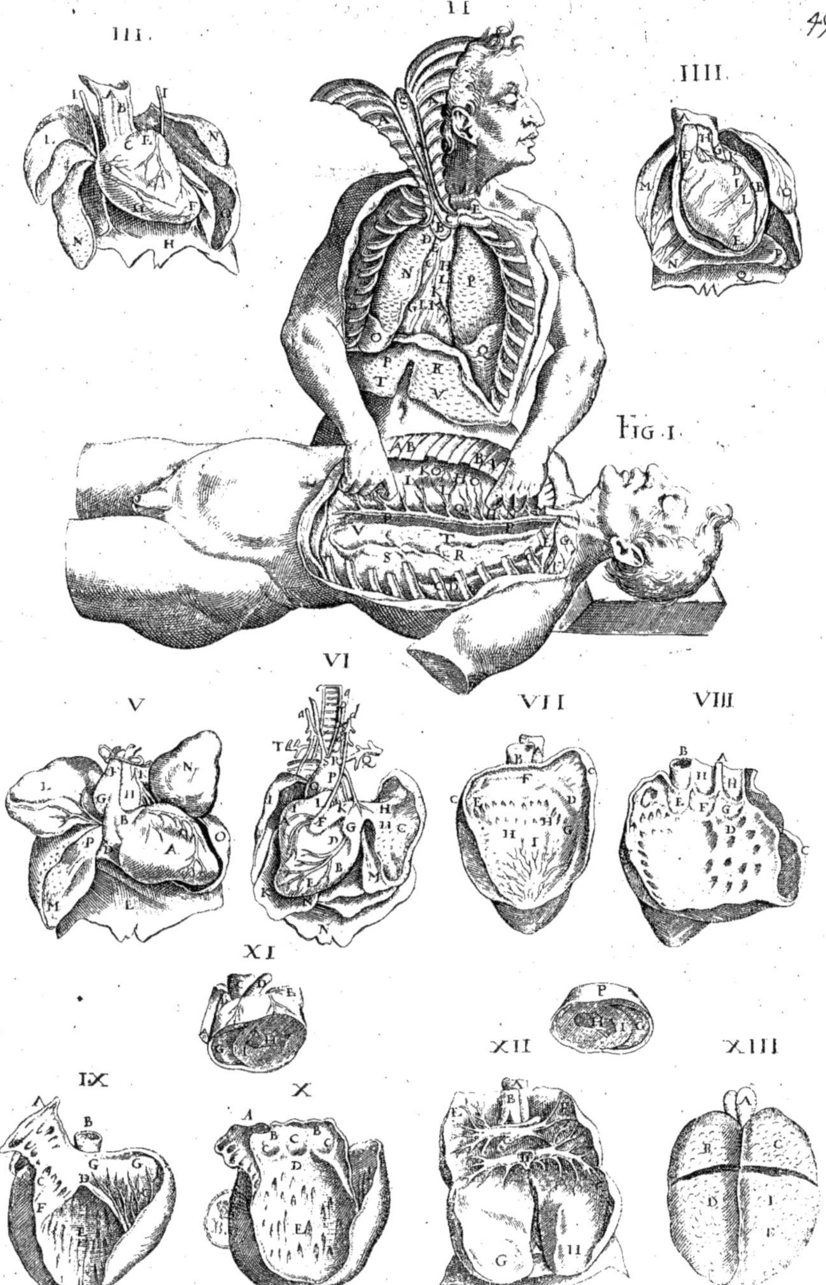
III.
II
IIII
FIG. I.
VI
V
VII
VIII
XI
XII
XIII
IX
X

LES ANASTOMOSES QVI SE TROVVENT AV COEVR du Fœtus et de l'enfant nouueau nay -

50

Figure I

representeaunaturel les figures du coeur despoulmons, dela grande artere, dela veine cave, dela veine arterieuse et de la trachée artere, comme ausi l'union qui se fait dela grande artere dan la veine arterieuse par le moyen d'un canal arterieux, la quelle sert pour la transpiration et la vie du poulmon du fœtus, le pintre a manqué en ce qu'il a placé les parties dextres au senêtres -

AAA tout le corps du coeur -

B le grande artere sortant du ventricule gauche du coeur -

C Le tronc ascendant dela grande artere.

D Le tronc descendant -

E La veine arterieuse -

F Canal arterieux qui va dela grande artere dans la veine arterieuse et rend ces deux vaisseaux continus -

G G les lobes ou aisles du poulmon -

Figure - II.

a Le tronc dela grande artere -

b Le tonc de la veine arterieuse -

c canal arterieux vnissant les deux vaiseaux -

d La veine cava ascendante -

eee branche les de la veine coronaire semées dans la substance du coeur

Figure III

1 Le tronc de la veine cave ascendant

2 Le tronc descendant.

3 L'orifice dela veine coronaire -

4 Le trou fort ample faisant l'anastomose -

5 La valuule ou portelette qui est aposée à cetrou -

6 La membranes triangulaires situées en l'orifice dela veine cave -

7 La trachée artere -

8 Le larinx -

Figure IIII.

Represente la veine arterieuse et tous ses rameaux -

A L'orifice dela veine arterieuse -

B Division d'icelle veine en deux troncs -

C Distribution d'icelle par toute la substance des poulmons -

FIG.I.

IIII.

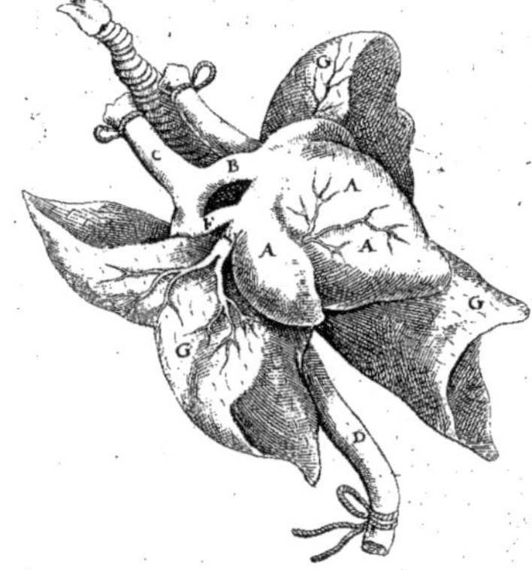
C
B
E
A
A
A
G
G
G
D

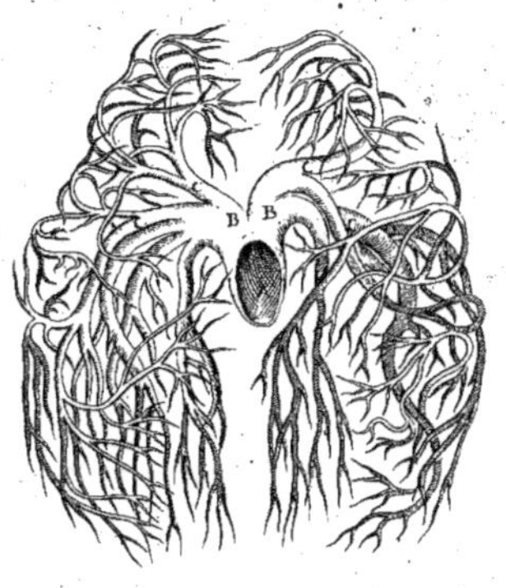
B
B

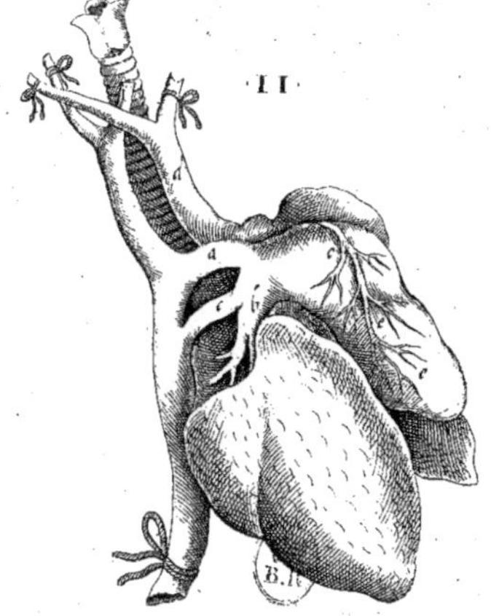
II
B.R

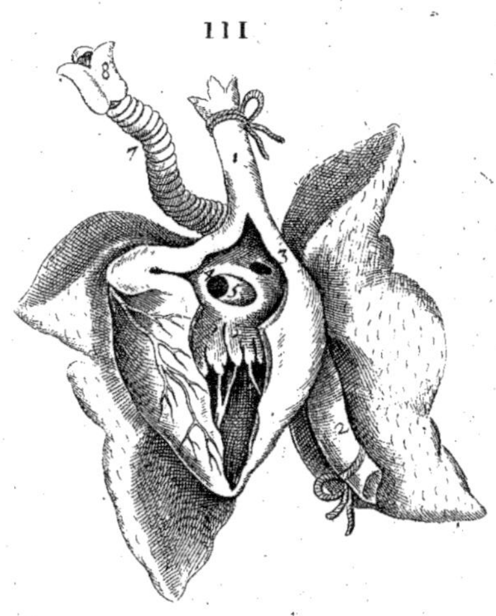
III
8
7
1
3
2

LES PARTIES DU CERVEAU

AAA Le costé dextre de la dure mere.
BB Le costé senestre.
CC La troisieme sinuosité de la dure mere savançant selon la longueur de la teste.
DD les vaisaux espars dans la dure mere.
E Les petites arteres qui se trainent dans la dure mere.
FFF Sions sortans par les trous du crane et se distribuans dans le pericrane et la peau musculeuse, GGG Fibres fort delicz afermisan set attachans la dure mere crane. HH Fibres sortans par la suture sagittale pour lorigine du pericrane.
II Fibres sortans par la lamdoide pour le mesme usage. L la cavite de los du front.
MN L os du crane. L epericrane.

Figure II. AA troisieme sinuosité de la dure mere.
BC La cavité et sinuosité decouverte.
DDD Vaiseaux sortans de la sinuosite et se respandans la pie mere.
EEE La pie mere FF Vaiseaux espars dans la pie mere. GGG Vaiseaux de la dure mere. HHH la dure mere coupée en quatre parties.

Figure III. AAA et BBB parties senestre et dextre du cerveau.
CCC Les rends et anfractuositez du cerveau.
DDD portion de la dure mere qui separe le cerveau en partie dextre et senestre.
EE Les vaiseaux du cerveau.
F un conduit comme une veine separan le cerveau en deux parties.
GGG branches de ce conduit.
H vaiseaux sortans de la troisiéme sinuosite. II Vaiseaux qui de la quatriéme sinuosité finissent dans les membranes. K commencement de la quatriéme sinuosite. LL le corps caleux.
MM sinuositez aparentes aux corps calleux. N Lendroit ou finit la portion de la dure mere qui separe le cerveau en deux et qui fait la faucille.
OO portion de la pie mere et dure mere.

Figure IIII. AAA et BBB. La partie gauche et dextre du cerveau.
DD Les anfractuositez du cerveau.
EEE la partie grise ou cendrée du cerveau.
GH la partie plus blanche du cerveau.
III le corps calleux separé d avec le cerveau.
LLMM les ventres superieurs du cerveau.
OOPP le choroide et les vaiseaux plis choroide.
Q vaiseaux qui vont a la membrane deliée.

Figure V. ABCDEFGHILMNO PQR monstrent les ventricules, les vaiseaux du cerveau, le plis choroide qui ont deja esté desclarez. STV le corps voute porté sur trois piliers.
X La cloison transparente.
YY La partie superieure de la cloison.

Fig. 1. .II.

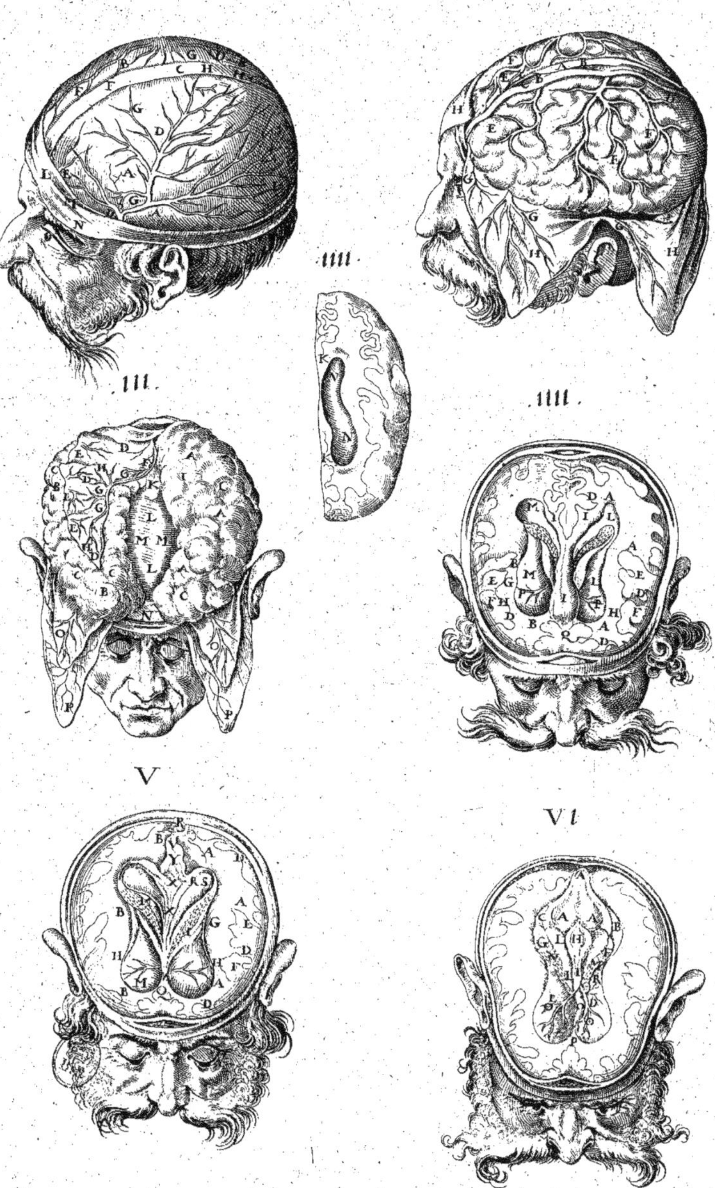

DEVXIESME TABLE DV CERVEAV.

Figure VI.

AAA La partie du corps voute qui cou
vre le troisiéme ventricule .
BC deux iambes ou piliers du corps
Voûté .
DE Les ventricules senestre et dextre .
FG Les deux arteres qui font le plis choroi
H Vaisseaux de la quatriéme sinuosité
I Diuision du dit vaisseau .
kL Partie dextre et senestre de la diuision.
MN Le plis choroïde .
OO Vaisseaux sortans de la quatriéme
sinuosité de la duremere .
P Autres vaisseaux épars en la piemere
Q Conduit allant de la troisiéme sinuo
sité a la quatriéme .
R Canaux placez dans la substance
des ventricules du cerveau .

Figure VII.

AA Partie senestre du cerveau .
BB Sa partie dextre .
CCC Les anfractuositez du cerveau .
DD La substance exterieure du cer
veau qui est cendrée ou grisatre ..
EE La substance qui est blanche .
FG Portion des arteres carotides .
H Partie inferieure du troisieme
venticule, k. La vulue .
L Le conarion ou glande pineiforme
NN Les fesses ou testicules .
OOO Production de la duremere qui
couvre le cervelet .
PP La sinuosité senestre et secon
de faite de la duplicature de la
duremere .
QQ La sinuosité premiere et dextre
qui s'auance par les costez de la su
ture lambdoide .
RR Le con cours et ren contre des trois
sinuositez que lon nomme torcu
lar ou pressoir .
ST La troisiéme sinuosité de la mem
V brane, et la quatrieme .
V Le vaisseau sortant de cette quatriéme
sinuosité .
XX Le cerebellum ou cervelet couvert
seulement de la piemere .
Y Petits scions qui se distribuent dan
de la quatriéme sinuosité dans la
piemere qui coure le cervelet .
ZZ Portion de la duremere qui est atta
chée a l'os petreux .

Figure VIII.

AB La partie dextre et Senestre .
CDE Les anfractuositez et la partie gri
satre, ensemble la partie blanche
FF Vne portion des arteres carotides
H La partie inferieure du troisié
I me ventricule .
I Vn conduit allant a l'entonnoir .
★ La partie moyenne et posterieure
du troisieme ventricule .
M Le conarion .
NO Les testicules .
RR Le cervelet L la vulve .
TVXYZ Les vaisseaux du cervelet
et de ses membranes .

Figure IX

AA Le cerveau coupé plus bas .
BCD Trois portions du cervelet
renversées sur le deuant .
E L'apophyse verniforme .
FGH Commencement de la medulle
spinale, qui est au dedans du crane
I Le quatriéme ventricule .
k Les venules du cervelet .
L Les vaisseaux qui vont de la du
remere dans la piemere .
PQR Les cavitez de l'os occipital
ausquelles sont contenuës les
trois partie du cervelet marquez
par ces lettres BCD .
SSS La sinuosité senestre faite de la
duplicature de la duremere .
TTT La dextre .

Figure X.

AA La partie du cerveau de la
quelle la moëlle de l'épine prend
son commencement .
B Le conduit menant du trosiés
me ventriculeau quatriesme.
C Le quatrime ventricule .
D Le conarion .
EFGH Les testicules et les fesses .
Ik Les parties ausquelles la moëlle
de l'espine est attachée .
LMNO La cavité au commence
ment de la medulle spinale
qui resemble a vne plume à ecri
re .

Figure XI .

AB La partie dextre et senestre du
cervelet .
CC La partie du milieu du cervelet
D La partie anterieure du procez ver
miforme .
E Le conduit du quatriésme ven
tricule .
GG La portion du cervelet qui pro
duit la moëlle dorsale .
I La partie posterieure de l'apo
physe verniforme .

Figure XII .

AABB les parties dextre et senestre
CD Les deux apophyses mamillai
res.. organes principaux du
flaire .
E La cavité dediée à recevoir l'apo
physe mammillaires .
G La cloison qui separe les deux
cavitez .
H La portion de la duremere qui
separe le cerveau en partie dex
tre et senestre .
Ik Vaisseaux entrans dans le cerveau
LMN Trois cavitez situées en l'os oc
cipital .
OPQ Les sinuositez de la duremere .

Figure XIII .

AABB Les parties dextre et senestre
du cerveau .
CC Les apophyses mammillaires .
DD Les cavitez dediées pour recevoir
lédites apophyses .
EF Les veines du cerveau .
I Vaisseau sortant de la sinuosi
té de la duremere et se respan
dant dans la piemere .
k autres vaisseaux .
M L'vnion et entre croisement
des nerfs optiques .
NO Les nerfs optiques .
PQR rameau de l'artere carotid qui
recoit et qui va au ventricule dex
tre du cerveau et dans la piemere :
S Vne portion de l'entonnoir qui re
coit la pituile qui distille peu a
peu du cerveau .

Figure IIII .

AA Vne portion du cerveau avec le
commencement de la medule
spinale .
BB Vne portion des nerfs optiques .
CC L'entonnoir .
D Conduit allant du troisiéme ven
tricule du cerveau a l'entonnoir
EF Les rameaux de l'artere carotide
G La seconde coniugaison qui meut
les yeux .
H Vn petit nerf seruant au goust .
I Le nerf du troisieme paire .
k La quatriéme coniugaison .
L Vn petit ramau du cinquiéme paire
M La cinquiéme coniugaison .
N Rameaux de la sixiéme coniu
gaison .
O Rameaux de la septieme :

Figure XV .

AB Les nerfs optiques .
CD Les arteres carotides .
E L'entonnoir .
F Le trou de l'entonnoir qui
touche a la glande pituitaire
GG Vne portion de la seconde con
iugaison des nerfs

Figure XVI .

A La glande pituitaire .
B L'entonnoir .
CC Vne portion de arteres qui
montent au cerveau .
DEFG Les rameaux des di
tes arteres s'unissans en
semble .

Figure XVII .

AB Les arteres ascendantes
qui font la rets admirable
CD Petits rameaux de la rets
admirable diversement
enlacez .
E La glande pituitaire .

Figure XVIII .

A La glande pituitaire .
AC La situation des arteres .
entrées dans le crane .

Figure XIX .

A La glande pituitaire désié
é.. pour recevoir les excre
mens de tout le cerveau .
B L'entonnoir .
CDEF Les conduits qui pur
gent la pituite et les serosi
tez du cerveau .
Ce qui reste apartenant a la
demonstration du cerveau
et de la medulle spinale et
et des nerfs naissans ils..
ont déia esté representé aux
tables des nerfs au quedes on
poura donc reprendre de la
pour s'instruire plainement

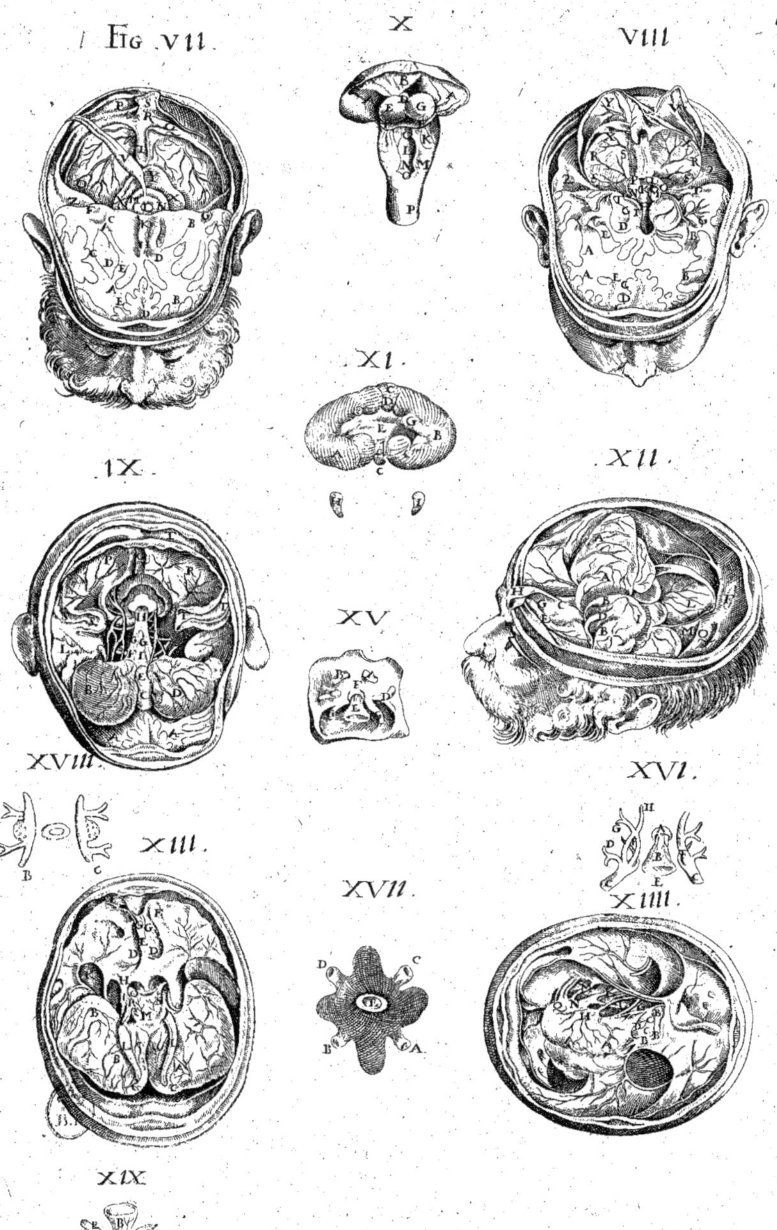

Humblot Ex.

www.ingramcontent.com/pod-product-compliance
Lightning Source LLC
Chambersburg PA
CBHW061555080726
47597CB00004BA/1260

* 9 7 8 2 0 1 3 4 8 3 3 9 1 *